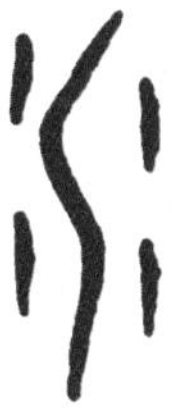

shuǐ
水

dào
稻

# 中国农业的『四大发明』

# 水稻

王思明 丛书主编
龚珍 著

中国科学技术出版社
·北京·

**图书在版编目（CIP）数据**

水稻 / 龚珍著 . -- 北京 : 中国科学技术出版社，2021.8
（中国农业的“四大发明”/ 王思明主编）
ISBN 978-7-5046-8415-8

Ⅰ . ①水… Ⅱ . ①龚… Ⅲ . ①水稻栽培—农业史—研究—中国 Ⅳ . ① S511-092

中国版本图书馆 CIP 数据核字（2019）第 247006 号

| | |
|---|---|
| 总 策 划 | 秦德继 |
| 策划编辑 | 李 镅 许 慧 |
| 责任编辑 | 李 镅 |
| 版式设计 | 锋尚设计 |
| 封面设计 | 锋尚设计 |
| 责任校对 | 焦 宁 |
| 责任印制 | 马宇晨 |

| | |
|---|---|
| 出 版 | 中国科学技术出版社 |
| 发 行 | 中国科学技术出版社有限公司发行部 |
| 地 址 | 北京市海淀区中关村南大街 16 号 |
| 邮 编 | 100081 |
| 发行电话 | 010-62173865 |
| 传 真 | 010-62173081 |
| 网 址 | http://www.cspbooks.com.cn |

| | |
|---|---|
| 开 本 | 710mm × 1000mm 1/16 |
| 字 数 | 113 千字 |
| 印 张 | 10 |
| 版 次 | 2021 年 8 月第 1 版 |
| 印 次 | 2021 年 8 月第 1 次印刷 |
| 印 刷 | 北京盛通印刷股份有限公司 |
| 书 号 | ISBN 978-7-5046-8415-8 / S · 763 |
| 定 价 | 68.00 元 |

# 丛书编委会

主编

王思明

成员

高国金
龚　珍
刘馨秋
石　慧

# 序言

谈到中国对世界文明的贡献，人们立刻想到“四大发明”，但这并非中国人的总结，而是近代西方人提出的概念。培根（Francis Bacon，1561—1626）最早提到中国的“三大发明”（印刷术、火药和指南针）。19世纪末，英国汉学家艾约瑟（Joseph Edkins，1823—1905）在此基础上加入了“造纸”，从此“四大发明”不胫而走，享誉世界。事实上，中国古代发明创造数不胜数，有不少发明的重要性和影响力绝不亚于传统的“四大发明”。李约瑟（Joseph Needham）所著《中国的科学与文明》（*Science & Civilization in China*）所列中国古代重要的科技发明就有26项之多。

传统文明的本质是农业文明。中国自古以农立国，农耕文化丰富而灿烂。据俄国著名生物学家瓦维洛夫（Nikolai Ivanovich Vavilov，1887—1943）的调查研究，世界上有八大作物起源中心，中国为最重要的起源中心之一。世界上最重要的640种作物中，起源于中国的有136种，约占总数的1/5。其中，稻作栽培、大豆生产、养蚕缫丝和种茶制茶更被誉为中国农业的“四大发明”[1]，对世界文明的发展产生了广泛而深远的影响。

---

1 王思明. 丝绸之路农业交流对世界农业文明发展的影响. 内蒙古社会科学（汉文版），2017（3）：1-8.

中国农业的『四大发明』

# 水稻

稻作起源于中国，江西万年仙人洞、湖南道县玉蟾岩、浙江浦江上山均发现万年以前的稻作遗存。

中国稻作栽培技术公元前25世纪经丝绸之路进入印度和印度尼西亚、泰国、菲律宾等东南亚地区，公元前23世纪传至朝鲜，公元前15—前9世纪传至大洋洲波利尼西亚群岛，公元前5—前3世纪入近东，再经巴尔干半岛于公元前传入罗马帝国，公元前4世纪传入日本，公元前3世纪由亚历山大大帝带入埃及，7世纪越太平洋往东至复活节岛，15世纪末以哥伦布第二次航海为契机、在美洲的西印度群岛推广，16世纪后传到美国的佛罗里达州并向西扩展，19世纪传入加利福尼亚州。拉美的哥伦比亚1580年始有稻作栽培，巴西则是始于1761年，最后澳大利亚在1950年引种成功。

如果说“丝绸之路”是“贵族之路”的话，那么“稻米之路”则是“平民之路”或“生命之路”。今天，稻米已成为全球30多个国家的主食，世界上约40%的人口以稻米为主食。因为稻米在世界民食中的重要性，联合国甚至将2004年定为“国际稻米年”。

世界农业文明是一个多元交汇的体系。这一文明体系由不同历史时期、不同国家和地区的农业相互交流、相互融合而成。任何交流都是双向互动的。如同西亚小麦和美洲玉米在中国的引进推广改变了中国农业生产的结构一样，中国传统农耕文化对外传播对世界农业文明的发展也产生了广泛而深远的影响。中华农业文明研究院应中国科学技术出版社之邀编撰这套丛书的目的是：一方面，希望大众对古代中国农业的发明创造能有一个基本的认识，了解中华文明形成和发展的重要物质支撑；另一方面，也希望通过这套丛书理解中国农业对世界农耕文明发展的影响，从而增强中华民族的自信心。

王思明

2021 年 3 月于南京

# 前言

中国是水稻的起源地，大约在一万年前，水稻被驯化种植以后，就逐步成了东方社会的主要食物，不仅养活了具有庞大人口数量的中华民族，而且在某种意义上颠覆了农业必定会破坏生态环境的定律，进而避免了中国因环境恶化而造成文明中断的厄运。在中国乃至世界的文明史上，水稻的贡献都无法估量。

关于水稻起源，曾有学者提出不同的看法，争论点主要集中在起源地是印度、东南亚还是中国中纬度地区。考古发现和相关研究已经证明中国才是水稻的起源地。相较于印度、东南亚地区丰富的物种资源，中国中纬度地区的采集工作非常辛苦。然而水稻的产量却很可观，且不存在可替代品。即便麦类从华北引种至此，也是为了进行稻麦复种，增加土地产出。相较而言，华北地区旱作农业品种却发生了两波更迭，先是小米被麦类所取代，后期美洲作物的引入，又掀起了新一轮的种植结构变更。相较于麦类，水稻能养活更多的人。

在长期种植过程中，水稻逐渐展示了自身所具备的生态功能。华北地区，旱作农业造成了水土流失等问题。而在南方，除了稻鸭共生系统、稻鱼共生系统这类不依赖于化学物质投放，对周遭的生态环境有重大保护作用的自平衡生态系统，水稻发达的根须还在梯田开垦中防止了水土流失。南方山区农业也存在水土流失的问题，但是应当归咎于旱作农业，特别是美洲高产作物。能够进行水稻种植的地区多是低湿地，由于水源较为充分，植物生长速度快，植被有较强的水分拦蓄作用。当然，水稻种植也存在间接的环境问题。在长江中下游平原等地区，由于湿地开垦种植水稻，挤占了洪水缓冲的空间，导致季节性洪水无法快速下泄而引发洪涝灾害，在宋代就已显现出了弊病，这是应该解决的问题。

2019 年，《环球科学》刊登印度水稻调查研究，揭示了水稻多样性消失的现状。印度原有多达 11 万种水稻，各自有着鲜明的特征和独特的营养价值，而多个品种同时存在，也有助于抵御虫灾、风暴等自然灾害。但是，为了提高产量，印度政府近年来大力推广高产水稻品种，90%的地方品种逐渐消失。由此带来的问题是，印度的水稻多样性显著下降，水稻抵御病虫害的能力也大不如前。对此，中国已有先见之明，先有袁隆平利用远缘的野生稻与栽培稻杂交，选育杂交水稻，提高水稻产量；后有国家水稻数据中心对野生稻种质资源进行收集和保存，以备不时之需。

水稻起源、驯化、栽培历史过程的梳理对于保护种质资源、促进品种改良和保障世界粮食安全具有重要的现实意义。这是本书写作的目的，在历史中把握未来。

龚　珍

2021 年 3 月

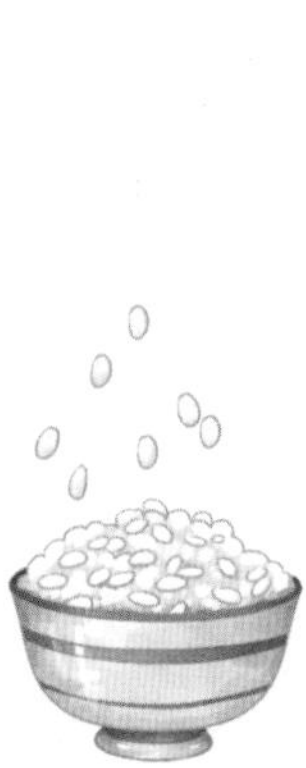

# 目录

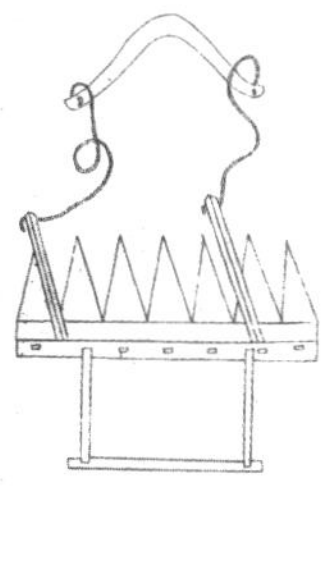

第一章

# 饭稻羹鱼

## 中国稻作的起源

《礼记·礼运》记曰：『未有火化，食草木之食，鸟兽之肉，饮其血，茹其毛，未有麻丝，衣其羽皮。』这种利用现成的生产资料的原始生活形态，随着旧石器时代与新石器时代的交替，发生了转变。旧石器时代向新石器时代过渡之际，经历了考古学上的『中石器时代』。在这个时代，全球气候转暖，使得低纬度的季风雨区向南北移动，赤道两侧的温带区形成了大片的沙漠和干旱地带。森林向高纬度扩散，猛犸、野牛、披毛犀、驯鹿等喜寒的苔原型动物被赤鹿、麋、野猪等森林型动物取代。随着食物资源的灭绝、消失及迁徙，人类被迫开始利用此前不利用的资源，从『狩猎采集者』向『低水平食物生产者』过渡，开始驯养植物。

## 第一节

# 文明的曙光——稻作起源

英国学者戈登·蔡尔德说，史前考古学造成了一场人类对自己过去的认识的革命，这场革命规模之大，可与现代物理学和天文学所取得的革命相比拟。考古学不再是靠文字记载拼拼凑凑、零零碎碎地说明可怜巴巴的五千年的状况，现在它已经能够为历史学家展现出二十五万年的景象。我们今天对古代社会，尤其是文字记录出现前的远古社会的研究，在很大程度上都依赖于考古学的成果。

中国是世界上最早开始栽培水稻的国家，水稻栽培的历史可追溯到新石器时代。迄今为止，长江流域及其以南地区发现的新石器时期农业遗迹已达两千余处，而这些农业遗存大多都包含了稻作要素。出土炭化的稻谷、米、水田遗址，或稻的茎叶、孢粉及植物硅酸体等遗存的稻作遗址数量，现有182处。从地域分布来看，140处集中在长江流域，占总数的76.9%。其中，江苏、浙江等长江下游地区共计56处，占总数的30.8%；而湖北、湖南、江西等长江中游地区共75

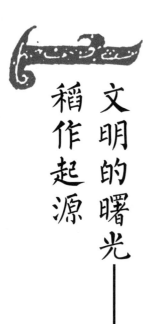

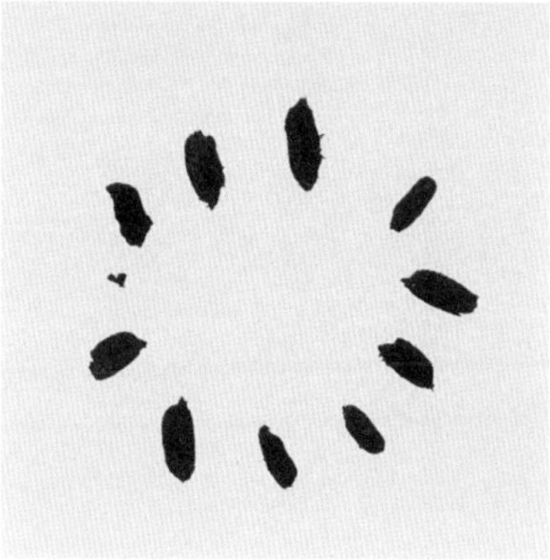

炭化稻谷

| 中国国家博物馆藏 |

这些炭化稻谷出土于河姆渡遗址第四文化层。由于堆积层浸没在水位线下，与空气隔绝，水稻保存极好。稻粒近椭圆形，与野生稻区别较大。

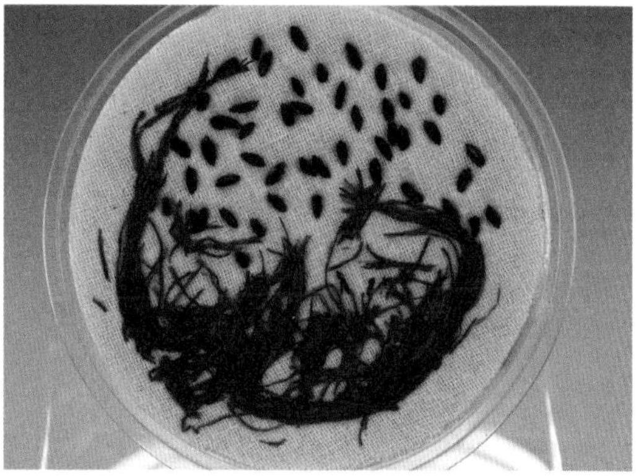

新石器时代河姆渡文化稻秆、稻叶、稻谷

| 浙江省博物馆提供 |

河姆渡第四文化层遗存中发现了大批稻谷、稻叶和稻秆的堆积，最厚处可达80厘米，分布达400平方米，估算约有120吨。稻谷刚出土时呈金黄色，颖壳上稃毛及谷芒清晰可见，经抽样鉴定系人工栽培稻，其中籼稻占60.32%～74.56%，粳稻占20.59%～39.68%，其千粒质量已达22克。

处，占总数的41.2%。这些稻作遗存表明，新石器时代长江中下游地区以稻为主要粮食作物的情况。

1973年，浙江余姚市河姆渡镇的村民偶然发现了一处新石器时代遗址，经有关部门抢救性发掘，令人惊叹的河姆渡遗址的面目正式揭开。河姆渡文化遗址距今7000年左右，出土了丰富的稻类遗存。对这些遗存的研究表明当时的栽培稻经过长期的驯化，与野生稻的原始形态已经相去甚远。

河姆渡还发现了成套的较为先进的农业生产工具以及谷物加工工具，总共出土了170多件骨耜。这些工具为动物肩胛骨磨制而成，安装上直向柄即可用来翻耕土地、开沟挖渠。又出土了一件木铲，其形制类似于现代锄草培土所用的小铲。此外还有中耕农具鹤嘴锄，用动物肋骨制作的骨镰为收割工具，以及木杵和器壁很厚的陶臼残片，则用于加工谷物。生产工具是人类改造自然能力的标志之一，由此可见，河姆渡稻作农业已相当发达，稻谷已成为河姆渡先民最主要的食物来源。这同时又说明河姆渡的栽培稻已经距野生稻有了一段时间。

1993—1995年，北京大学考古系、江西省文物考古研究所和美国安德沃考古基金会联合组成中美农业考古队，对万年仙人洞和万年吊桶环遗址进行取样、发掘。并在这里发现了公元前14000—前9000年的野生和栽培的水稻硅体。吊桶环C1、C2层和仙人洞2A层约相当于新石器时代中期的层位中，栽培水稻硅体的数量达到55%以上，这表明当时的稻作农业已经有了相当程度的发展。

这里出土的农业用具也是新石器时代稻作发展的力证，其中包括了用于脱落谷粒的磨盘和磨石，以及上弧下扁平的穿孔器“重石器”，即在磨制的圆形石器中穿一孔，将长圆木棒穿入孔中，木棒下部为尖状，是一种原始农业时期用于点播种子的专用工具；还有用于收割的蚌镰。此外，这里还发现了“世界上最早的陶器”及蚌饰品等，这标志着农业经济基础上分化原始的手工业和原始艺术的产生。由于这些早期人类历史上划时代的重大发现与发明，这一遗址被评为1995年“全国十大考古新发现”和“20世纪百年百项考古大发现”之一，2010年江西“万年稻作文化系统”被联合国粮农组织和全球环境基金列入“全球重要农业文化遗产”。

新石器时代河姆渡文化带藤骨耜·余姚河姆渡遗址出土

| 韩志强摄于浙江省博物馆 |

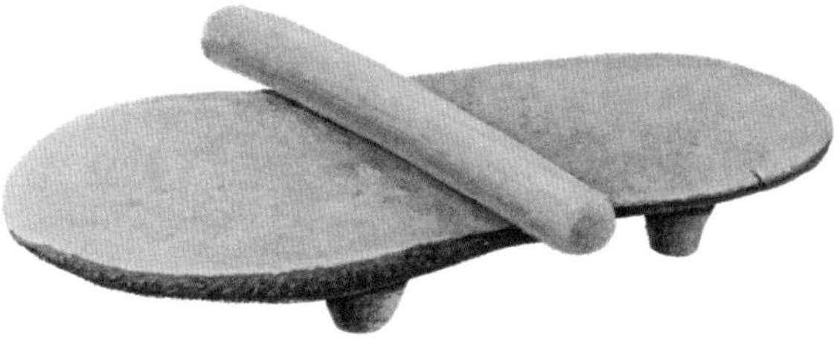

石磨盘

| 王宪明　绘 |

陶罐·仙人洞下层出土

| 中国国家博物馆藏 |

这件陶罐是迄今为止中国境内发现年代最早的成型陶器，也是“世界上最早的陶器”。

1995 年 11 月，湖南省考古研究所组织农学专家和环境考古专家“多学科合作”，在湖南道县西北 20 千米的寿雁白石寨村玉蟾岩发掘出旧石器时代文化向新石器时代文化过渡时期的遗址。玉蟾岩出土了很多生产工具和动物残骸，其中最为重要的是距今 15000—14000 年有人工干预痕迹的野生稻稻壳，这是目前发现的最早的水稻实物标本。据出土稻谷壳特征显示，玉蟾岩稻谷是一种兼有野、籼、粳综合特征，从普通野稻向栽培稻初期演化的最原始的古栽培稻类型。至此，稻作起源的谜底基本揭开。

除了上述稻作遗存发现地以外，长江以北的江淮之间也有 13 处稻作遗址，而豫、晋、陕、甘、苏、鲁、皖等地的史前文化中所发现的多处稻遗存遗址，都处于史前稻作农业和粟作农业的交汇地带。

北方地区的考古发现与我们“南稻北粟”“南稻北麦”地理分布常识相左。要解释这种现象，可从植物正常生长所需的生态因素与当时的环境来看。水稻最基本的生态要求是水分和温度。受季风气候的影响，华北黄土区虽然降雨量集中在夏季，但是蒸发量也很高，故总体而言并不适合水稻的生长和发育。如果没有配备必要的灌溉措施，那么北方大部分地区都不适宜稻作。但是在先秦时期，华北地区分布着若干排水不良的“隰”和容易积水的沼泽，《诗经·黍苗》有记“原隰既平，泉流既清”，这些积水区域就能满足水稻生长对水分的需求。此外，华北夏季温度较高，这对于水稻生长发育来说是很有利的。竺可桢曾说：“以我国各省区而论，1952 年和 1957 年的稻米单位面积产量中，各省区平均最高产量并不在江南的两湖或江浙，而在日光辐射强大的陕西省。”这是史前时代北方出现稻作的部分原因。

稻和粱：《诗经名物图解》，日本江户时代细井徇撰绘，1847 年
《诗经·白华》载："滮池北流，浸彼稻田。"

简单来说，长江中游和下游代表着两个平行的早期稻作起源中心，长江中游把水稻引向北方黄河流域的河南、陕西一带，长江下游则把水稻推广到了黄河下游的山东、淮河下游的苏北和皖北一带。

# 第二节 古稻田景观

当然，稻作农业的起源不仅仅是找寻稻谷遗存而已，还有植物种子的伴生组合，才能合理地解释栽培行为的出现。柴尔德认为『新石器革命』，包括农作物和农业的起源，是一个循序渐进的过程。栽培是人类行为的变化，从简单的散播种子到复杂的农田管理，农业是一种景观的变化，当种植和驯化的证据集中出现，特别是水田系统的出现，小生态环境人为发生了改变，就标志着农业的产生。

1996年11月，中日考古学家在历时3年的联合考察后宣布，苏州唯亭镇陵南村属良渚文化的草鞋山遗址，发掘出了呈两行排列，南北走向，计44块，呈长方形、椭圆形等不规则形状的稻田遗址[1]。

1 草鞋山稻田遗址距今6000年，是全球迄今为止发现的较早的古稻田遗址之一。草鞋山遗址的稻田已开发得较有规模，成为固定的生产基地，说明当时良渚先民已经掌握了较为先进的水工技术并将其用于稻田灌溉。

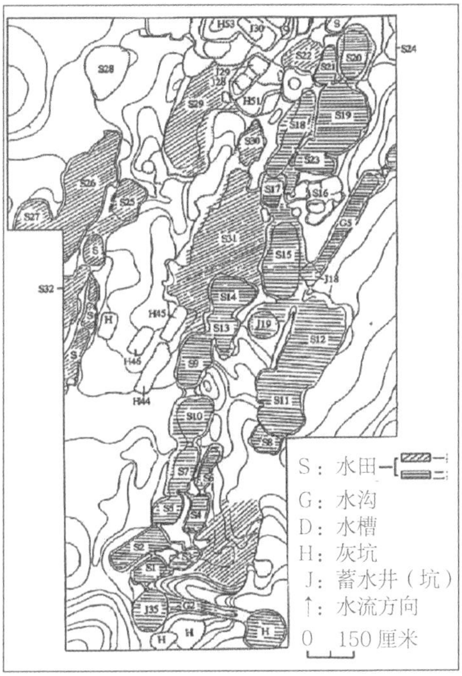


草鞋山东区马家浜文化稻田[1]

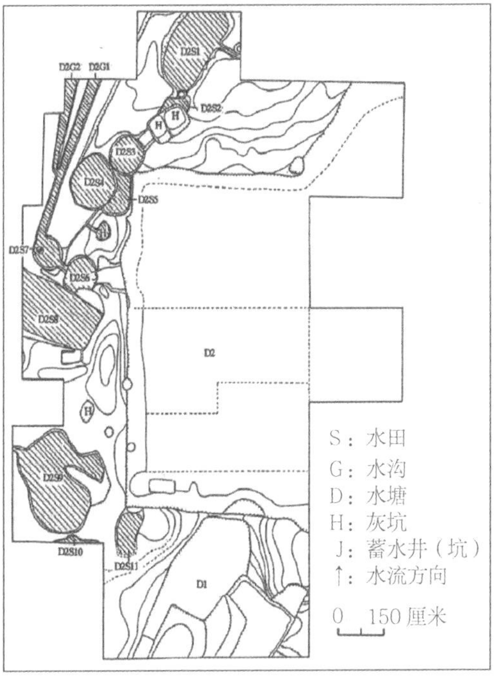


草鞋山西区稻田[1]

草鞋山遗址的水稻田使用年代在公元前4300—前4000年，位于居住地外围的低洼地带，由许多浅坑样的小田块连接形成，水田相互连通，田块之间有水口相通，田东部及北部边缘有水沟和水口相通，水沟尾端还发现了水塘（或蓄水井）。并且，在田地里发现了大量的炭化栽培稻。

1 郭立新，郭静云．早期稻田遗存的类型及其社会相关性．中国农史，2016，35（6）：13-28.

考古工作者在位于湖南澧县城头山古城东城门北侧 10 余米处的城垣之下，清理出了西北—东南走向的 3 丘古稻田。这 3 丘古稻田平行排列着，长度在 30 米以上，最大的一丘宽度 4 米有余。田埂之间是平整的厚约 30 厘米的纯净的灰色田土，为静水沉积。田丘平面平整，显现出稻田所特有的龟裂纹，剖面可清晰见到水稻根须。田土中含有不少稻叶、稻茎、稻谷，田土中的稻谷硅质体含量很高，接近于现代稻田。稻田旁边有蓄水坑、流水沟等灌溉设施。

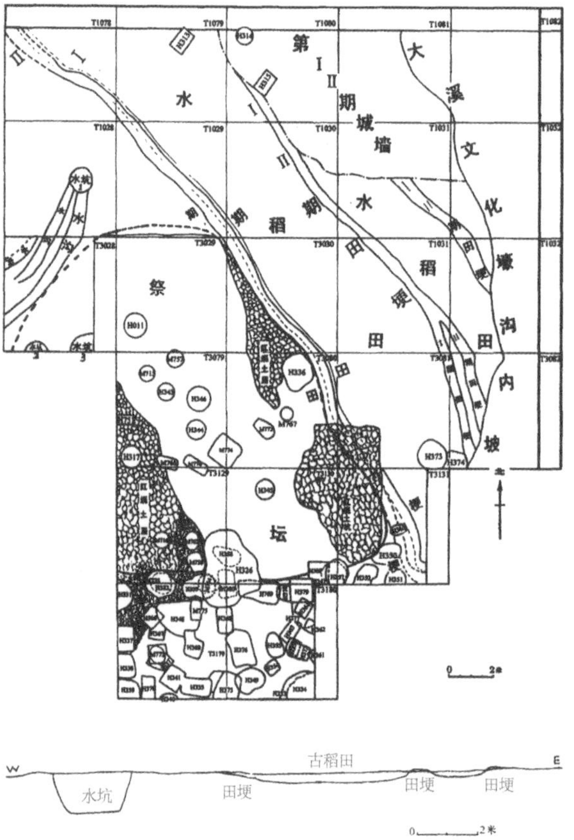


城头山汤家岗文化稻田[1]

1 郭立新，郭静云. 早期稻田遗存的类型及其社会相关性. 中国农史，2016，35（6）：13-28.

由城头山和草鞋山遗址两处古稻田可知，当时的居民选择在近水源的低洼地段开辟稻田，大、小田块间有田埂相间，再在小范围内人工挖建水井、水坑、水塘、水沟、水口等蓄水、引水灌溉设施。这反映出既不完全依赖天然降水，也不直接引进大河水源，而是依托河流湖沼地区实际环境条件形成颇有特点的一套小型的水稻田灌溉系统。

开垦并维护稻田是一项费时费力的工作，是稻作经济在社会经济生活中扮演越来越重要角色的重要印记。古稻田展现了公元前4000多年中国已存在初具规模的水田灌溉农业，是中华民族在稻作栽培史上积极探索的重要物质印记。

城头山遗址鸟瞰

| 王宪明　绘 |

作为“中国第一城”，城头山遗址拥有6500年前的古稻田和人类最早最完整的祭坛，为研究中国古代文明提供了实物证明，对世界稻作的兴起和发展研究具有重大意义。2001年入选“中国20世纪100项考古大发现”。

# 第三节

## 稻田模型——微缩的古稻田

由于水稻在中国古代先民生活中的重要性不断提高，在『事死如事生』的传统观念的影响下，陪葬品中也出现了稻作经济的要素，即『陂塘稻田模型』。这些稻田模型大多出现在秦汉魏晋南北朝时期，陕西秦岭以南的汉中盆地，云南、贵州、四川的中国西南部地区以及广东珠江三角洲及其周边地区，这些均为中国主要的稻作经济区。作为出土文物，稻田模型承载了中国古代稻作的历史信息，可与文献记载相互印证，展现了当时的栽培技术，农具、水利灌溉技术以及渔业生产文化等。

陂塘稻田模型大多出自云南、贵州、广东、陕西汉中，尤其是在四川地区。我们能从这些模型中观察到地方文化消亡和中原文化影响力加强的蛛丝马迹。值得注意的是，同为稻作农业区的两湖地区却几乎没有发现此类文物。为了解释这一情况，有学者认为水田等随葬明器可能更多地反映的是随葬习俗，并非真正的生产方式；但稍加思考就会发现这种说法欠妥，水田模型等明器应该是当地实际的生产状况的折射，然后才会在文化层面渐渐地演变成为一种丧葬习俗。

**东汉陶陂池稻田模型**

| 申威隆摄于汉中市博物馆 |

1964 年和 1965 年，汉中县（今汉中市）先后从两座东汉早期的室墓中出土红陶陂池和陶陂池稻田模型各一具，此为其一。

此模型呈长方形，长 60 厘米、宽 37 厘米、深 6.5～10 厘米，边沿厚 1 厘米。中间横隔一坝，一半为陂池，另一半为稻田。陂池长 37 厘米，宽 27 厘米，坝高 7 厘米，比模型边沿低 1.4 厘米。坝中部安装闸门，闸墩和闸槽合为一体。出水口为拱形洞，高 9.5 厘米、宽 2.5 厘米。闸槽中距 2.6 厘米。从闸槽、出水口的结构看，这是一提升式平板闸门，可以通过升降启闭闸门控制水量。池底塑有鱼、鳖、螺、菱角等。鱼共有 6 条，头长 1 厘米、身长 3 厘米、体高 1.2 厘米，体扁而略呈纺锤形，似鲤鱼；鳖 1 只，蛙 3 只，螺 5 个，菱角 5 个。坝外是稻田，长 37 厘米、宽 33 厘米。据说出土时田中可见画有纵横成行的秧苗。十字形田埂将田分为 4 块。一条田埂正对闸门，距闸门 4 厘米处断去，表示水出闸门后可以向两旁田间分流。模型两旁边沿由陂池向稻田逐渐降低，末端又略微增高；水坝低于两旁边沿。在山谷筑坝蓄水成库，坝外经过人工平整，辟为稻田。《齐民要术》中所谓种稻宜“选地欲近上流”，指的可能就是这种情况。

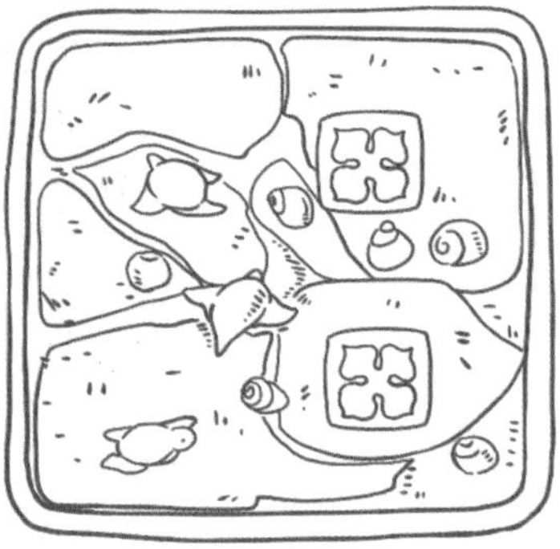

红陶陂池模型

丨高国金摄于陕西历史博物馆丨

此红陶陂池模型为红色泥陶质，方形圆角，边长 28 厘米，深 9 厘米，边沿厚 0.6~1.5 厘米。从形状看，这是一座人工修建的小水库的模型。底部塑有蛙、螺、菱叶。3 只青蛙，两只昂首张口作鸣叫状，另外一只作游泳状。螺有 6 个。菱叶共两组，叶片近三角形，四叶为一组，对生相连成十字交叉，浮现在一四方底板上，中心有圆形突起，表示叶柄中部浮囊。菱分家菱、野菱。野菱自生河池中，叶实都小，角硬直刺人；家菱种于陂塘，叶实都大，角软而脆。这些菱叶出现于陂池中，叶片丰满，应属家菱。

绿釉红陶冬水田模型·陕西勉县出土

| 王宪明　绘 |

这具模型边长 31.3 厘米、通高 5 厘米、壁厚 1.5 厘米。田内有 5 条不规则形田埂，将田面分为大、小不等的 6 个小块。田块里泥塑有青蛙、鳝鱼、螺蛳、草鱼、鳖等。水田分两季田与冬水田。两季田，即在平川地带的田块。一年种稻、麦两季，总产值较高。两季田又分蒡田和槽田两种。蒡田是在平川地势较高地带或房前屋后的田块，槽田则多在平川低洼地带。两季田土沃水足，比较正规。田与田之间的埂上多开放水口，惯于串灌。冬水田，当地又叫一季田，多分布在浅山丘陵地带。这种田块多依地形而就，故不规整，靠雨季或化雪贮水，一年只收一季稻，单产较高，亩[1]产稻可达 400 公斤[2]以上。由于冬水田的贮水沤田时间较长，故在当时多用于养殖鱼类。

---

1　1 亩=666.7 平方米。

2　1 公斤=1 千克。

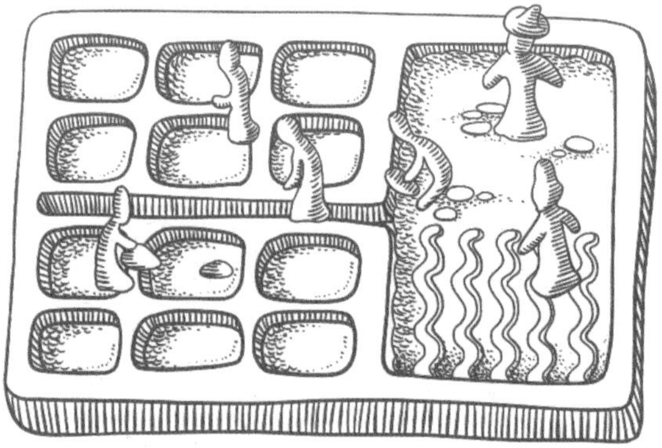

云南呈贡汉代水田模型

| 王宪明　绘 |

1975 年秋，在昆明呈贡县小松山发现了一座东汉时期的砖室墓，墓中出土有一件陶制水田模型。模型一端为一大方栏，代表蓄水池，另一端分成两排，每排有 6 个方格，代表水田，蓄水池与水田间有一沟槽相连，代表灌溉渠道。可以想见，这当为坝区稻作农田水利的真实微缩景观。

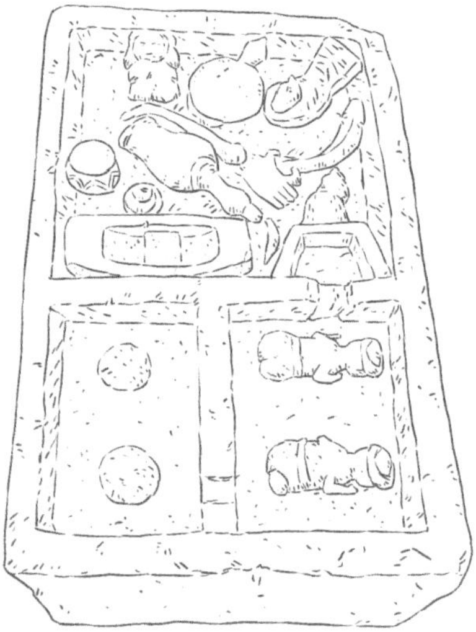

四川峨眉汉代稻田养鱼模型

| 王宪明　绘 |

1977 年，四川省博物馆在峨眉县（今峨眉山市）清理了一座距今 1800 多年的东汉砖室墓，出土了一件石水塘、水田模型。模型分为两部分，上面雕刻水塘，下面为水田，水田内还塑有两位俯身的农夫，正在薅秧。塘中雕刻有青蛙、龟、鸭、鱼，在靠近田埂处做一矩形缺口，为进水、放水之处。在水前面有一篾编的竹笼。这种竹笼可以在水田进水、放水时拦住稻田里的鱼。直至今日，在四川地区仍有如此处理水田放水口的。

东汉陶水田模型

丨昆明市博物馆藏丨

东汉时期，昆明地区的陂池水田模型由长方盘形变成了圆盆形，这可能标志着农田水利建设发展的两个不同阶段。长方盘形陂池水田模型应当是建立在山区或半山区与平坝交集地带的早期农田灌溉系统。陂池依山筑坝，落差大，适宜实现自流水灌溉。圆盆形陂池水田模型所表现的应当是建立在高差不大的台地凹洼积水地带的灌溉系统。这里水流相对稳定，适宜更加精细的农田灌溉和水产养殖，所以在这类模型中多摆有鸭子、鱼、鳖及荷叶等形象，展现出一派水乡泽国的繁荣景象。

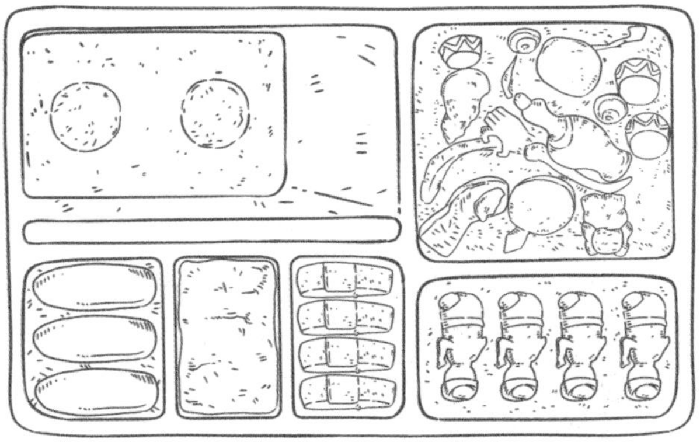

**东汉陶田模型**

丨宜宾市博物院藏丨

此四川宜宾汉代陶水田鱼塘模型长 49.8 厘米、宽 31 厘米、厚 3.5 厘米，内设有水田、水塘、鱼塘、渠道。其中水田和渠道占整个模型的 3/5，水塘、鱼塘和渠道占整个模型的 2/5。鱼塘与水塘相比，鱼塘占 3/5，水塘占 2/5。从整个模型来看，水田占的面积比鱼塘、水塘面积都大，鱼塘又比水塘占的面积大，可能反映了当时种稻、养鱼、蓄水发展的比例关系。根据陶田模型内的水田、水塘、鱼塘、渠道，大小排水缺口、排水洞的布局情况，可以看出 3 点：一是从大小排水缺口、排水洞、渠道的布局，可以反映当时的水利建设和灌溉技术；二是从鱼塘、水塘、水田、渠道的布局，可以反映当时水稻的管理和栽培技术水平；三是从鱼塘、水塘、排水缺口、排水洞的布局，可以反映当时渔业产量和人工养鱼事业已呈现专门化。

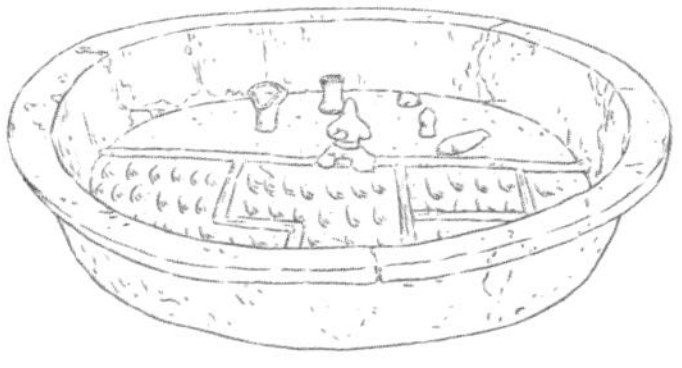

东汉水田稻谷陶盆

| 贵州省博物馆藏 |

1976年，兴义万屯8号墓出土的这具模型，圆盘一分为二，半为水塘，半为稻田。水塘中有鱼、荷、菱角的泥塑，虽仅用简单的点线刻画，布局却不呆板，给人以鲜活清新之感。堤外稻田以埂分割成块，各自有水口连接，是一种理想的灌溉模式，不仅节省劳动力，更能充分利用水资源。田中稻蔸排列整齐，显出一派丰收景象。水塘与稻田之间筑有一道堰堤，中段有通水涵洞；涵洞上，一只展翅翘尾的小鸟；盘内四壁，植有一行行间隔均等的绿柳，既美化了田园环境，又能起到水土保持的作用，设计之巧，令人赞叹不绝。此水塘稻田模型展现出一派生机盎然、沟渠纵横的田园风光，是汉代稻作技术与水利设施技术的生动写照，反映了当时社会的经济形态及古人对环境的规划设想和强烈的生态意识。这具模型说明贵州在1800多年前已经拥有先进的耕作技术和农田水利措施；两汉时代，人们就开始修山塘、筑渠道，塘中养鱼栽藕，发展副业；稻田规整，利于灌溉；植树造林，美化环境，保护水土。这些措施，今天仍有着不可估量的现实意义和历史价值。

东汉陶水田附船模型

| 广东省博物馆藏 |

广东佛山澜石出土的这具陶水田附船模型，水田长 39 厘米、宽 29 厘米，最高 10 厘米，船长 21 厘米、宽 7 厘米，通高 6 厘米。水田分 6 方，5 方田面刻水波纹，1 方田面为篦点纹，每块田内都有陶俑从事劳动。第一方一俑戴斗笠，双手作扶犁状，犁头略呈心脏形，从陶俑一手作扶犁、一手作赶牛的样子，可以看出当时广东不是二牛抬杠的犁耕方法；第二方一俑执镰作收割状；第三方一俑坐田埂上作磨镰状，田里有两禾堆；第四方一俑作扶犁状，田面有一犁头，旁有两圆堆；第五方一俑作站立状，田面篦点纹表示插过的秧苗；第六方附两禾堆，一俑似在捆稻草。广东汉墓中随葬陶牛较普遍，此模型的出土说明广东在汉代已经有较高的水稻种植技术：水田平整，实行两造制，已掌握插秧和牛耕技术。船在水田的右远方，相距仅 2 厘米，用一跳板连接。船身被两道坐板隔成前、中、后 3 个舱，中舱内有一圆形小篮。船的两头翘起，呈新月形，说明广东地区生产中用小船作为运输工具。模型所呈现的耕作、插秧、收割等劳动场景，生动地反映出当时珠江三角洲夏种的繁忙景象。

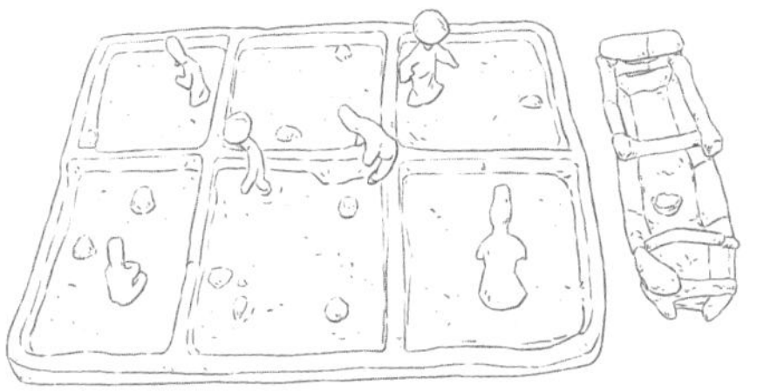

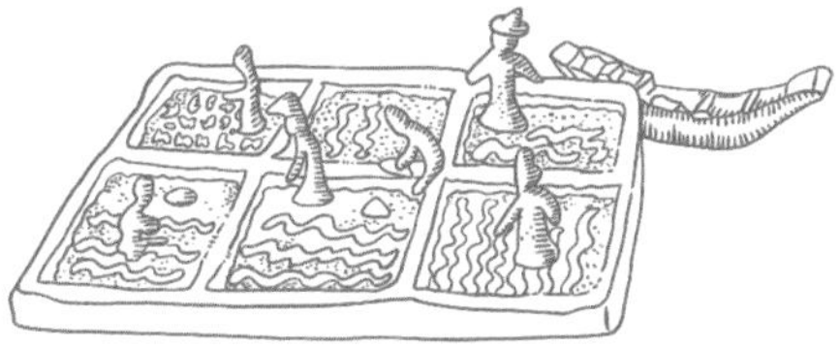

东汉陶水田附船模型

| 广东省博物馆藏 |

| 本节插图由王宪明绘制 |

# 第四节

## 文化印记——稻作画像砖

一般认为画像砖出现于战国时期，秦汉时期发展到了鼎盛。秦汉时期的画像砖是用拍印和模印方法焙制而成。汉代画像砖主要集中在陕西、河南和四川等地区，这些地方出土的画像砖风格各异，其中以四川的画像砖成就最高。四川画像砖兴盛于东汉后期，主要分布在成都、新都、德阳、大邑等地，在题材上主要表现人们的日常生活场景，展现了浓厚的生活气息，其中包括了稻田收割等生机盎然的图景。

汉代画像砖中包括有农业稻作经济的历史信息。

东汉播种画像砖砖面图样

| 王宪明　绘 |

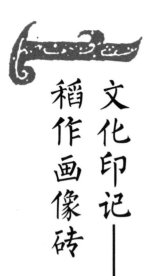

东汉播种画像砖 · 四川德阳县柏隆乡出土

| 付杨　摄，四川博物院提供 |

这方除草播种画像砖，质青灰色，高 24 厘米、宽 38.6 厘米。图像共有 6 位农夫在整齐的田畦中劳作，前 4 人双手挥动钹镰芟草并拨土，为播种做准备。后面紧跟着一农夫和一少年，他俩一手执容器，一手作播种状。整个画面构图完整协调，犹如对人物舞蹈动作的定格。这方体现劳作中芟草播种的画像砖有以下四个特点：第一，田畴边的 3 株大树茁壮茂盛，既点明了播种的季节，又说明早在汉代四川等地即有在农田边植树的习惯，已经初具现代川西林盘的景观形态。第二，画面上田畦阡陌清晰、整齐规范，体现出汉代四川地区农田耕作的高度管理水平。第三，整个画面动感极强，前面 4 位农夫动作整齐，状似舞蹈，表现出芟草时很有节奏；中间的一位扭头回顾，仿佛边劳作边与播种者交谈，给人留有想象余地；最后两位播种者的造型很有特色，后面一位高大结实、动作老练，而前面的那位后生，既可视作在为身后的长者辅助播种，也可看作是在现场学习播种。这方画像砖向我们展示了古代劳动人民代代相传、年复一年辛苦劳作的场景。

东汉薅秧画像砖

| 付杨　摄，四川博物院提供 |

此画像砖出土于四川新都区，横 40 厘米、纵 33 厘米，图像为两块相连的田亩，以中间田埂分为左右两格。左边田中央布满秧小苗，两位农夫各持薅秧耙，双脚交替薅秧。这是四川农村至今仍流行的“薅足秧”。画面右侧上、下各有一鸟一兽奔走；右边田中两位农夫均执弯锄作翻地状，又似举镰前驱作追逐状，画面中杂有鱼类、菱角等，当为水塘。两块田地之间的田埂上有一个缺口，当为调节水田水量所用。画面左、右两图密切联系，体现出汉代四川地区稻作的生产状况和技术水平。

**东汉收获弋射画像砖**

| 付杨 摄，四川博物院提供 |

1972年，四川大邑县安仁乡出土的这方画像砖纵39.6厘米、横46.6厘米，图像分为上下两部分：上部是弋射图，湖池中荷叶遮掩，莲花吐露，鱼鸭游弋，空中飞雁成行，岸边树下两弋者张弓仰射，其所使用的短矢上系着“缴”，一端分别连接在两个半圆形可滑动的石机上；下部为收获图，6个农夫正在田中收获，中间3个俯身割取禾穗，左侧的1个手提食具、肩挑捆扎成把的禾担欲返，右侧的2个挥舞铵镰芟除已去穗头的禾秆。这方画像砖真实地反映了汉代蜀地秋高气爽、塘满禾丰的景象。

| 本节插图由王宪明绘制 |

第二章

# 精耕细作

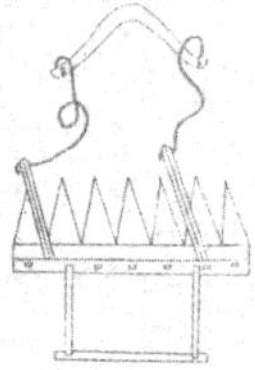

## 稻作技术的发展

「刀耕火种」又称迁徙农业，也有人称之为「打游击农业」，是一种较为原始的农业耕作方式。刀耕火种没有固定的农田，先用铁斧等工具砍伐地面上的植被，将其晒干后焚烧。在经过火烧的土地上，直接利用草木灰作肥料，用掘木棍等挖出小坑，播上种子后掩埋，靠自然肥力进行生产。等到这块区域的土地肥力消退后，再换一个区域展开新一轮的农业生产。这种耕作方式较为粗放，农业产出也很低，有时还需要采集、渔猎来补充食物供给。夏以后，中国传统社会发展为阶级社会，黄河流域逐步从原始农业过渡到传统农业。铁质农具的普及与牛耕的推广使用，减轻了农业耕作的负荷，提高了耕作效率。于是，传统农业以集约的土地利用方式为基础，改善农业环境，提高农业生物生产能力，向精耕细作体系发展。隋、唐、宋、金、元是精耕细作的扩展期，主要标志是南方水田景观精耕细作技术体系的形成与成熟。

## 第一节 象耕鸟耘和火耕水耨

南方水田的耕作经历了长期的摸索阶段。「象耕鸟耘」即是原始农民直接利用大象和鸟兽等觅食践踏后留下来的土地进行种植，象田、鸟田出现的时间可能还要早于「刀耕火种」的阶段，这种农业形态在后来的农耕生产过程中也保留了一定的定势。随着传统农业的缓慢发展，地广人稀、劳动力缺乏而水资源丰富的南方逐渐发展出一套适应当地生产环境的「火耕水耨」，此即为《史记》所谓：「楚越之地，地广人稀，饭稻羹鱼，或火耕而水耨。」「火耕水耨」是南方水田从原始农业向精耕细作技术体系过渡的重要阶段。所谓「火耕」，即放火烧草，不用牛耕和插秧，直接进行播种；等水稻长到一定的程度，再放水淹田，将杂草浸死，以达到中耕的目的，谓之「水耨」。

传说舜死苍梧，象为之耕；禹葬会稽，鸟为之耘。所谓象田、鸟田，即是大象、雁鹄等鸟兽觅食践踏后所留下的、被人直接用作种植的农田，是一种原始的农耕方式，当时还未出现在耕作前整理土地的工序。

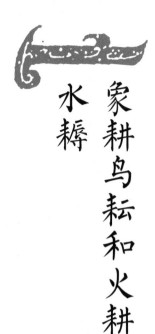

象田、鸟田主要出现在沿海地区、河流两岸、三角洲沼泽多水地带，只有种、收两个环节，比刀耕火种更加原始。由于已知较早的稻作遗存与鸟田的分布在地域上的重叠，可推测鸟田的分布区可能就是稻作的起源地。象田、鸟田不仅作为一种原始农业形态与水稻等作物的驯化有关，而且形成了一种定制，保留在后世的农耕生产中，如牛踏田及其与耜耕的结合而导致犁耕的出现，都是受了象田、鸟田的启发。汉代王充《论衡・书虚》载："苍梧，多象之地；会稽，众鸟所居。"大象及其他大型食草动物在栖息地，把沼泽地践踏糜烂。鸟类在沼泽地觅食生物、草籽，也起到了耘莳之功。于是，古时的人就直接利用践踏、觅食后的沼泽地种植水稻。王充指出象耕鸟耘原是一种自然现象，人类是在长期的日常生活中观察到了动物的行为，从而习得了相应的耕作方式。

"蔡顺"人物长方砖又名孝子砖

| 故宫博物院藏 |

画面上小鸟在天空中飞翔，两头大象与三头小豕正在耕地，舜子在后面挥鞭播种。据《孝子传》记载，舜从井中脱逃之后，在历山躬耕种谷，天下大旱，民无收者，只有舜种之谷获得丰收，舜就将米粜给饥民，使许多灾民得以渡过难关。

世界上第一具基本完整的雄性麋鹿骨骼亚化石

| 王宪明　绘，原件藏于泰州博物馆 |

王充在《论衡》中提到“海陵麋田，若象耕状”。晋代张华的《博物志》有言：“海陵县扶江接海，多麋兽，千千为群，掘食草根，其处成泥，名曰：麋唆，民人随此唆种稻，不耕而获，其收百倍。”海陵县是西汉武帝元狩六年（前 117 年）设置的，包括现在江苏的泰州、姜堰、海安、如皋和大丰等不少地方，这一地区在唐代以前是长江河口地区。由于麋鹿是古代生长在海边沼泽地带的喜水动物，所以海陵集结了成千上万的麋鹿，有“海陵多麋”之说。这些麋鹿扒掘草根为食，掘烂了周围的土地，使当地人不用费力耕作便能种上庄稼，并得到理想的收成。

黎族《牛踏田》剪纸图样
丨王宪明　绘丨

《新唐书·南蛮传》记载："永昌之南……象才如牛，养以耕。"讲到永昌郡以南地区的人民将大象像牛一样饲养起来耕田。即便到了当代，腾冲火山群地区南部诸如施甸，仍然可以看到类似于象耕的"牛踏田"。每年早稻一收获，傣族农民就会把十多头甚至几十头水牛赶进水田，任其在田里肆意踩踏，直到谷茬杂草和泥水交融在一起。黎族还有《牛踏田》《踩稻谣》《牛儿快提脚》等传统民歌。

当然，牛踏田与麋田有着明显的差别：前者是驱赶家畜有意识地进行踩踏，然后再播种其上，后者则是利用野生动物觅食践踏之后所留下的土地进行播种。两者的共同特点就是不耕不耘，把种子直接撒播在经动物践踏过后的土地上，这也是象田、鸟田的本义，也就是原始稻作农业之初的样貌。

到了汉魏六朝时期，“火耕水耨”广泛流行于南方稻作农业区。《史记·货殖列传》记载：“楚越之地，地广人稀，饭稻羹鱼，或火耕而水耨。”应劭解释火耕水耨的具体做法：“烧草，下水种稻，草与稻并生，高七八寸，因悉芟去，复下水灌之，草死，独稻长，所谓火耕水耨也。”“火耕”就是放火烧地，翻耕之前放火烧掉上一年干枯的稻秆和杂草，以达到除草、施肥、防治稻田病虫害的目的。20世纪70年代在湖北江陵发掘的凤凰山167号西汉早期墓中出土了四束形态完整的稻穗，稻穗连着的稻秆只有几厘米，应该是从稻穗下面不远处割下来的，不同于今天在近地面处全部割下稻秆。这证明了西汉早期在收割水稻时，是将大部分稻秆留在田里的。“水耨”就是水稻种植后的除草方法，具体形式有三种：一是放水灌田，将除下的杂草沤烂腐化，用作肥料。二是利用杂草生长比禾苗慢的特点，灌水淹没杂草，将其慢慢闷死。三是手耨与脚耨，用手抠抓杂草根部，同时耨断一些稻株老根，促使其生发更多的新根。

汉代陶仓与陶仓内稻谷·凤凰山出土

| 王宪明 绘 |

在中原士人的眼中，火耕水耨是一种较为落后的生产方式，这可能是因为从战国到汉代，汉文化区的中心区域——华北黄土区已经长期践行精耕细作的农业技术，而水稻区的耕作方式与旱作区的抗旱保墒又存在着明显的不同。现代研究发现，水耨不仅能疏松泥土，还能改善土壤的通气性能，促进水稻生长。土壤中空气含量增加，能促进一些有毒物质的氧化，减轻对作物根系的污染和侵蚀。空气增多还有利于土壤微生物的活动，加速肥料的分解腐熟。如果在施肥前后进行水耨，还可以让土肥均匀混合，减少肥分流失，有利于根系吸收。火耕水耨非但不是一种落后的耕作方式，反而适于当时南方水田稻作。一直到六朝时期，火耕水耨都是南方地区主要的耕作方式。

火耕水耨巧妙地利用了南方的地域优势，适应了南方地旷人稀、草木繁茂的地理环境，在一定程度上推动了南方水田的开发。晋杜预言："诸欲修水田者，皆以火耕水耨为便。"到了唐宋，南方水田精耕细作的技术体系确立后，火耕水耨的习惯才逐渐退出历史舞台。直至今日，在珠江三角洲的大禾田（即深水田）生产中，仍旧几乎全靠水淹的方法抑制杂草生长，基本没有人工除草这一环节。一些长出水面的水草也是在禾苗长高以后，由农民乘船进入深水田中进行拔除，并带回家中当柴火烧掉，这也许是火耕水耨的遗风。

# 第二节 耕耙耖耘耥

自东汉末年始，中原地区不断卷入战乱，北方人口南下避难为南方补充了劳动力，同时带来了水利工程技术和先进的农耕理念。隋唐起始，南方水田精耕细作技术体系逐渐形成，推动全国经济中心从黄河流域转移到长江以南地区。

这一时期，农业工具不断更新，出现了轻便高效的曲辕犁，适合南方水田的耖，龙骨车、秧马、莳梧等，水田农具配套齐全，水田技术也接近完善；耕作制度方面，轮作复种有所发展，尤其是南方以稻麦复种为主的一年两熟制度普及，水田精耕细作技术体系形成；土壤耕作方面，形成了耕—耙—耖体系，水稻育秧、移栽、烤田、耘耨等都有了进一步的发展。为了适应一年两熟制的需要，更重视施肥以补充地力，肥料种类增加，讲究沤制和施用，精耕细作水平也达到了一个新的高度。

农作物在驯化中所产生的各种变化都来自所处环境条件的改变，因此才出现了占尽有利条件的植物品种的进化，这种环境控制对于野生植物变成古代作物的定向培育过程，起到了重要的促进作用，所以，排在农书首位的往往是整理耕地。《吕氏春秋》涉及农作的篇章《上农》《任地》《辨土》《审时》四篇，以及赵过的代田法，都在强调精耕细作，加强田间管理以及锄草、灭虫的重要性。于是，在不断发展的精耕细作体系中，施肥、锄草以及不断耙地成为中国农业的特征。

南方“耕—耙—耖”水田耕作体系与北方“耕—耙—耢”旱田耕作体系，既有区别，又有联系。魏晋南北朝时期，北方旱作体系已经基本成型。耕，就是用犁翻松土地。耙的早期形态是一根横木棍，下方有齿，后来演变为下方有齿的方框形农具，耙能把翻耕后的土块击碎并平整好土地。耢的早期的形态也是横木棍，后来演变为用藤条或荆条编成的方框形农具，耢能将耙后的土块进一步磨成颗粒并磨平土地。为了增大农具与土壤间的摩擦力，增强劳作效果，有时会在耙和耢的上面放置一些重物或站立一个人。耙耢过的田地表面会形成一层松软的土层，能起到切断土壤中毛细管的作用，可减少水分的蒸发，对北方旱田农业起到抗旱保墒的作用。

唐代，以曲辕犁为代表的耕地工具以及砺礋、碌碡等整地工具相继出现并得到广泛应用，耕—耙—砺礋的水田整地技术开始形成，南方水田因此摆脱了较为粗放的耕作方式，走上精细化耕作的道路。始见于西晋岭南地区的耖，宋时传到长江流域及其以北地区，并逐步取代了砺礋和碌碡，耕—耙—耖的水田耕作技术体系全面形成。南宋楼璹《耕织图》诗中就记有耕、耙、耖等项作业。

登场：《耕织图》，南宋楼璹作，元代程棨摹

## 曲辕犁

曲辕犁又称江东犁，是唐代发明的犁耕农具。唐以前使用直辕犁，犁架庞大笨重，唐代农民将其改造成为了曲辕犁。根据唐代末年著名文学家陆龟蒙《耒耜经》记载，曲辕犁由 11 个部件组成，即犁铧、犁壁、犁底、犁镵、策额、犁箭、犁辕、犁梢、犁评、犁建和犁盘。犁铧用以起土，犁壁用于翻土，犁底和犁镵用以固定犁头，策额保护犁壁，犁箭和犁评用以调节耕地深浅，犁梢控制宽窄，犁辕短而弯曲，犁盘可以转动。

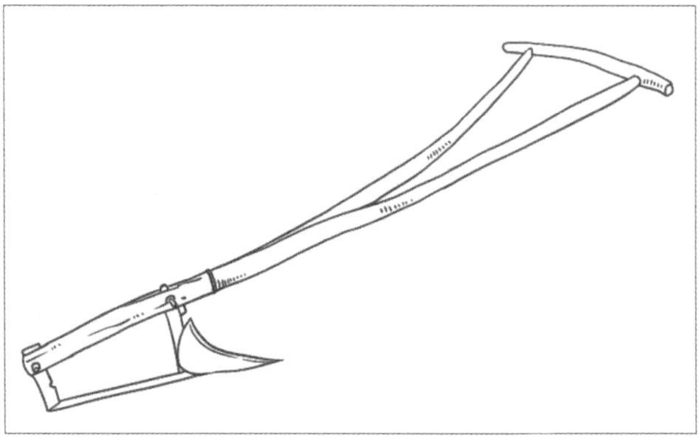

直辕木犁线图

| 王宪明 绘 |

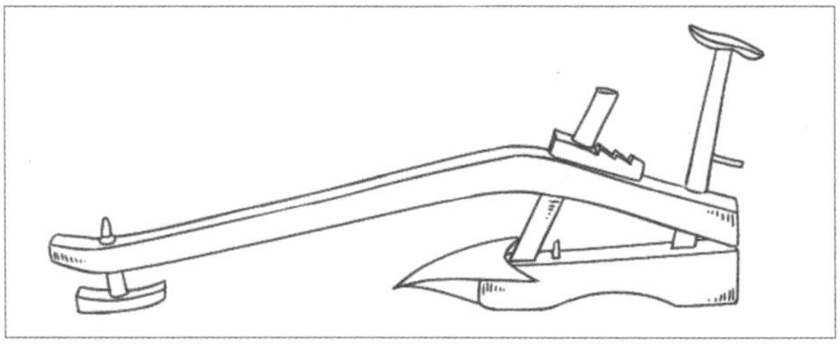

曲辕犁线图

| 王宪明 绘 |

较之直辕犁，曲辕犁具有明显的优点：首先，在使用直辕犁时，牲畜的牵引力与犁尖不在一条水平线上，会产生逆时针方向的力矩，农夫需要付出多余的力来平衡这个力矩，曲辕犁则能减少犁田时的体力消耗。其次，直辕犁受力点高，曲辕犁受力点低，因此曲辕犁受到的向上分力比直辕犁大，这样可以减小曲辕犁所受的摩擦阻力，更充分地利用畜力。曲辕犁具有结构合理、使用轻便、回转灵活等特点，能够减少犁的阻力，提高耕地速度。曲辕犁的出现标志着传统的中国犁已基本定型，对提高劳动生产率和耕地质量、促进江南地区开发起到了重大作用。

南宋楼璹《耕织图诗·耕图二十一首》所记之“耕”：“东皋一犁雨，布谷初催耕。绿野暗春晓，乌犍苦肩赪。我衔劝农字，杖策东郊行。永怀历山下，往事关圣情。”

耕犁：《耕织图》，南宋楼璹作，元代程棨摹

## 耙

用犁耕翻后的土壤往往留有很多大土块，土壤之间还有较大空隙，紧密度不够适宜，地面也不够平坦，达不到播种的要求。特别是南方水稻田由于常年浸水，土质黏重，耕翻后较大土块表面还有绿肥和粗质基肥。因此耙是水田整地环节不可缺少的农具，有破碎土块、清除杂草、搅拌泥水和刮平地面的作用，能满足育秧、插秧的需要。

耙在中国已有1500多年历史，北魏贾思勰《齐民要术》称其为“铁齿楱”，此即为“人字耙”，现今仍存在于山西及山东等地。耙的出现标志着北方旱作农业抗旱保墒耕作技术体系的形成，同时也为南方水田耕作技术体系的形成奠定了基础。

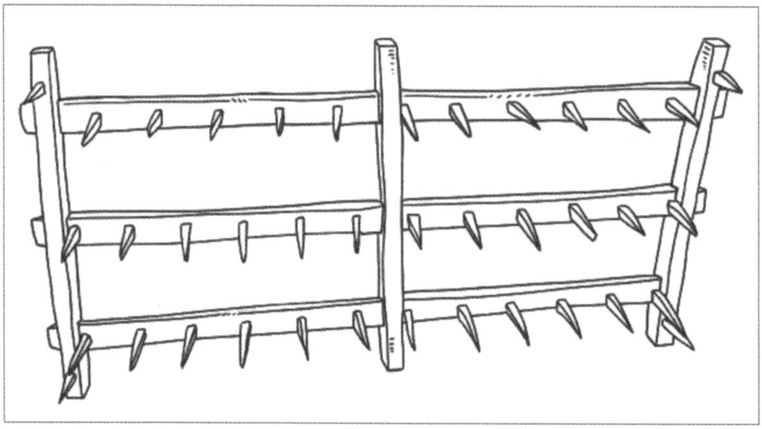

旱地耙线图

| 王宪明　绘 |

南方的水田耙由北方旱地耙演化而来。陆龟蒙《耒耜经》记载："凡耕而后有耙，所以散墢去芟，渠疏之义也。""墢"即"垡"，表翻起来的土块，所以"散墢去芟"表示碎土，除草，这也就是渠疏（耙）的意思。《耒耜经》表明，至晚在唐代江东地区已经拥有成熟的耙田流程。元代王祯《农书》对方耙、人字耙的形制也有详细的记载。直到现在，方耙仍常见于南方水田和北方旱地。

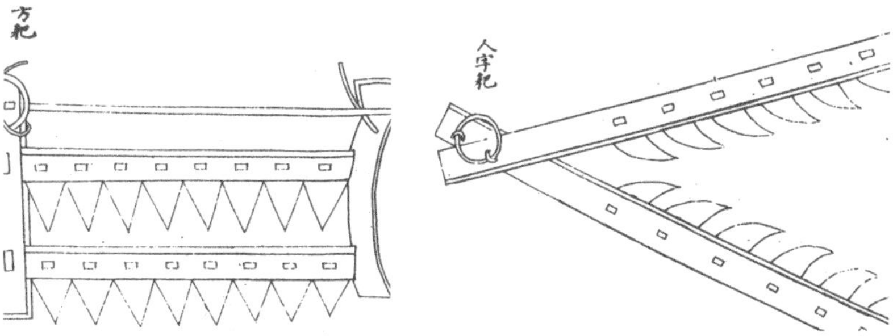


方耙与人字耙：王祯《农书》，文渊阁四库全书本

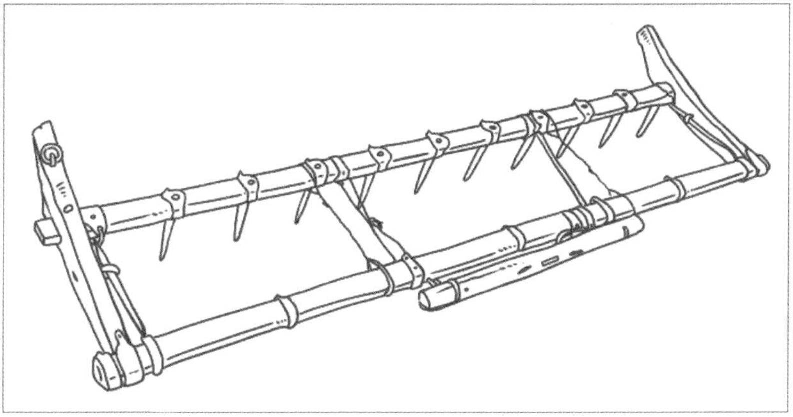

耙线图

| 王宪明　绘 |

南宋楼璹《耕织图诗·耕图二十一首》所记之“耙耨”：“雨笠冒宿雾，风蓑拥春寒。破块得甘霆，啮塍浸微澜。泥深四蹄重，日暮两股酸。谓彼牛后人，著鞭无作难。”雍正的《耕图二十三首》其三《耙耨》也有：“农务时方急，春潮堰欲平。烟笼高柳暗，风逐去鸥轻。压笠低云影，鸣蓑乱雨声。耙头船共稳，斜立叱牛行。”

耙：《耕织图》，南宋楼璹作，元代程棨摹

## 砺碎、碌碡

砺碎和碌碡的功用基本相同，都是耕耙之后打混泥浆，使土壤更加细碎、平整，用以压碎压实土壤的整地农具。《耒耜经》载，“碌碡觚棱而已”“砺碎皆有齿……以木为之”。据王祯《农书》记载，砺碎除了木制以外，也有石制的，是用石或木头制成的圆辊。有齿的叫砺碎，无齿的叫碌碡。在两端中间各装上一个短轴或顶尖，嵌入外部长方框两旁的圆洞或凹槽之内，用牲畜牵拉在田中滚动，即可将土碾碎压实。在南方水田中使用的多为木制，有时为增加重量，人还要站在框上。北方多为石制，亦可在场圃中用来脱粒。

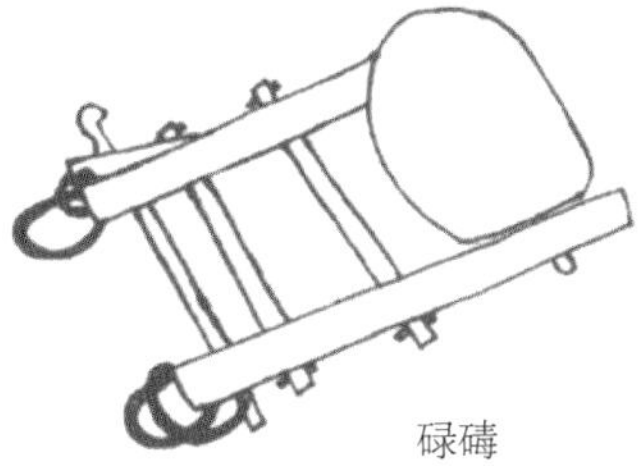

碌碡

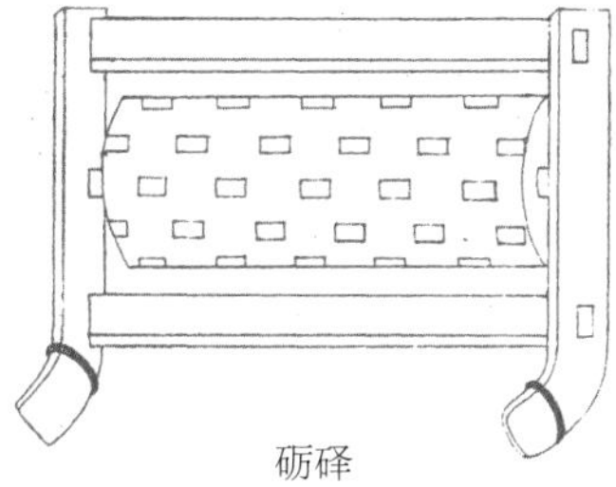

砺碎

碌碡与砺碎：王祯《农书》，文渊阁四库全书本

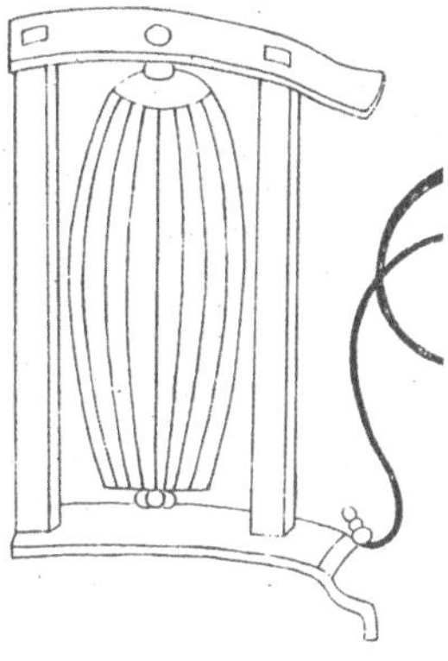

碌碡

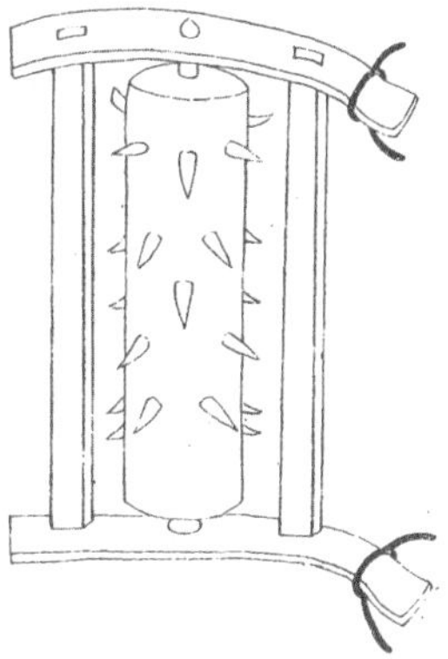

木砺碎

碌碡与木砺碎：王祯《农书》，文渊阁四库全书本

## 耖

耖主要由横柄和列齿组成。与耙相比，耖的齿更长，排列也更加细密。耖的使用历史可追溯至西晋。1963 年，在粤北连州郊龙口村的西晋古墓中出土一方犁田、耖田模型，呈长方形，田分两块：一块人驱牛犁田，另一块人驶牛耖田。这是中国发现的最早的水田耖耙。

耖耙下方有六根较长的耙齿，上部是横木把手，耕者扶把操作，与今天广东农民驶牛耙田的情景相同。现在粤地不叫耖田，而称耙田，耖的俗称也为水田耙，或因其形叫而字耙。除了木制的耖，还有铁制耖。

耖一　耖二

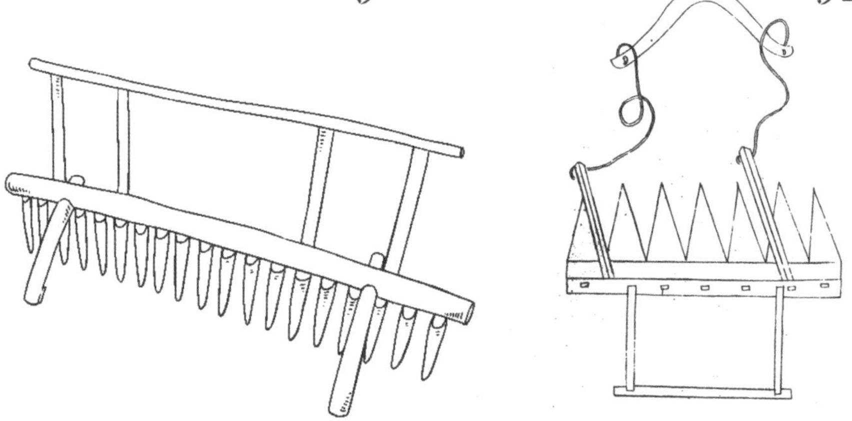

耖一与耖二：王祯《农书》，文渊阁四库全书本

王祯《农书》所载“耖”在宋元时期的使用情况：“人以两手按之，前用畜力挽行。一耖用一人一牛。有作连耖，二人二牛，特用于大田，见功又速。耕耙而后用此，泥壤始熟矣。”

南宋楼璹《耕织图诗·耕图二十一首》所记之“耖”：“脱绔下田中，盎浆著塍尾。巡行遍畦畛，扶耖均泥滓。迟迟春日斜，稍稍樵歌起。薄暮佩牛归，共浴前溪水。”

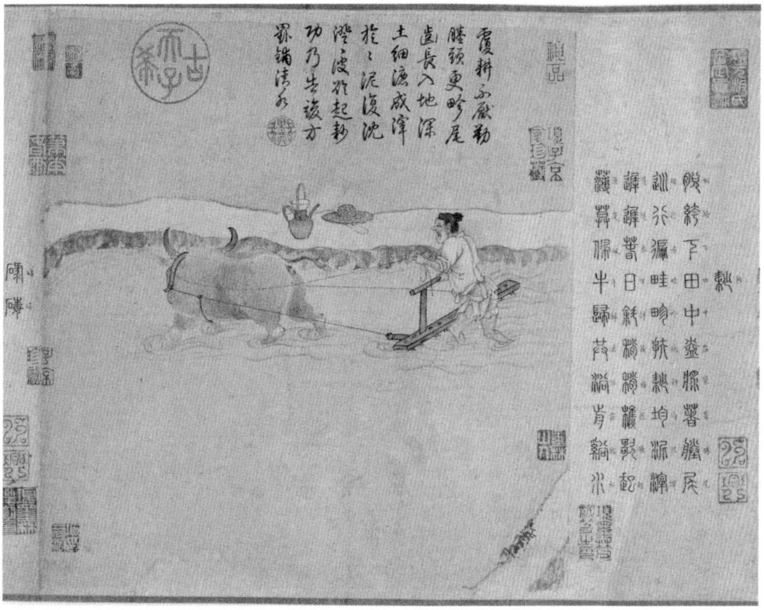

耖：《耕织图》，南宋楼璹作，元代程棨摹

## 耘耥

耘耥是水田中耕的俗称，一般在水稻移栽 20 天，秧苗成活后进行。宋代陈旉《农书》“耨耘之宜篇”提出耘田的目的“不问草之有无，必遍以手排摝，务令稻根之旁，液液然而后矣”，是说不管稻田有没有杂草都要耘田，为把稻根旁的泥土耙松，使其成为近似液体的泥浆。这样有利于根旁板实的土壤变得松软，使土壤中的空气得到补充，有利于细菌和水稻根系的活动和生长，促使稻株分蘖增多，生长整齐。

考古材料证实，汉代种植水稻已经出现中耕除草。在四川新都出土的薅秧画像砖上，有两位农夫在稻田里采用先进的铁制农具劳作。唐宋以来，稻田中耕除草，疏松泥土的技术水平逐步提高。南方水田的耘耥农具主要有耘荡和耘爪两种。耘荡，也称耥耙。

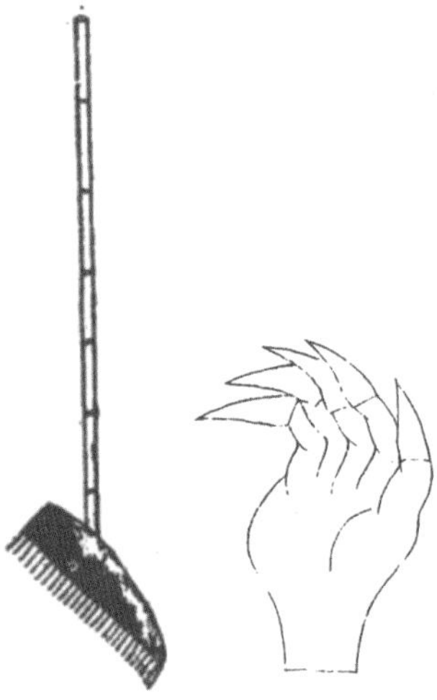

耘荡　　耘爪

耘荡与耘爪：王祯《农书》，文渊阁四库全书本

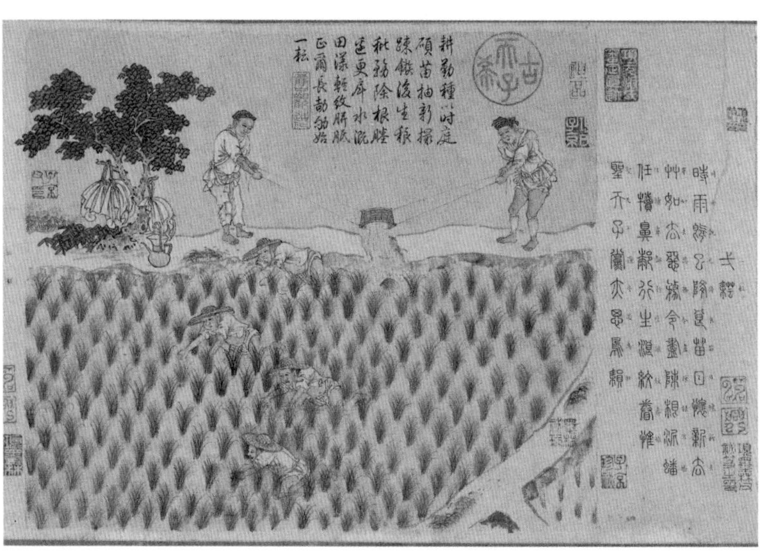

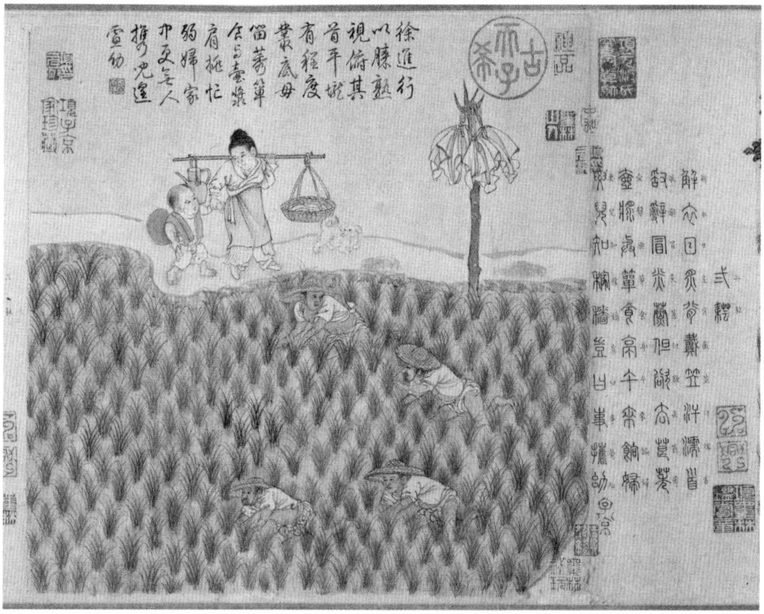

耘二

耘三

耘一至耘三：《耕织图》，南宋楼璹作，元代程棨摹

据王祯《农书》记载，耘荡是江浙地区新发明的农具，农民在水中劳作，手经常浸泡在稻田泥水之中，容易引起细菌感染，伤害手指。耘爪能代替手足起到保护手指的作用，还可提高耘田效率。

# 第三节 秧田

早期江南实行『火耕水耨』时，不用牛耕，直播水稻，不用插秧，以水淹草，也不用中耕。随着北人南下，江南劳动力增多，开始大兴水利工程，集约化农业也相继形成。发展到宋代，已经出现了浸种催芽、秧龄掌握、肥水管理、控制插秧密度等秧田技术。

对于水稻等发芽较慢的作物种子，在播种之前进行浸种不仅可以促进种子发芽，还能杀死一些虫卵和病毒。关于浸种的最早记载见于《齐民要术·水稻》：“地既熟，净淘种子；渍经三宿，漉出；内草篅中裛之。复经三宿，芽生，长二分。一亩三升掷。”这是水稻漫种催芽的一套完整方法。南宋楼璹《耕织图诗·耕图二十一首》所记之“浸种”：“溪头夜雨足，门外春水生。筠篮浸浅碧，嘉谷抽新萌。西畴将有事，耒耜随晨兴。只鸡祭句芒，再拜祈秋成。”描述的正是农家浸种催芽的场景。

明代《便民图纂》提到经过浸种催芽的稻种“芽长二三分许，拆开抖松，撒田内……二三日后，撒稻草灰于上，则易生根”，这种撒在稻田里的草木灰被称为盖秧灰，因为草木灰中的钾元素有益于根的生长，能使茎秆健壮，便于移栽。

经过浸种、催芽的稻种就可用以播种了，在《耕织图》的描绘即是布秧。布秧时需要限定好播种区域的边界，这就出现了辅助性工具秧弹。布秧时在稻田两边放置长竹竿，这种方法从北宋开始在南方水田使用较多。对此王祯《农书》有记载：“农人秧莳，漫无准则，故制此长篾，掔于田之两际，其直如弦，循此布秧，了无欹斜，犹梓匠之绳墨也。”

秧弹

秧弹：王祯《农书》，文渊阁四库全书本

布秧：《耕织图》，南宋楼璹作，元代程棨摹

东汉时期发明了水稻移栽技术，到唐宋时期，这一技术已得到广泛应用。移秧工具主要有秧马，又称秧船或秧凳。秧马大约出现于北宋中期，最初是由家用的四足凳演化而来，基本结构是在四足凳下加一块稍大的两端翘起的滑板。因为有四条腿，使用时人的姿势好似骑马，故称之为“秧马”。秧马的使用方法：操作者坐在秧马上，略前倾，两脚在泥中稍微用力一蹬，秧马就可前后滑行。苏轼于元丰年间（1078—1085年）谪居黄州时，见田里“农夫皆骑秧马”，遂作《秧马歌》，赞其“日行千畦，较之伛偻而作者，劳佚相绝矣”。拔秧时轻快自如，减少了农民猫腰弓背的劳苦。秧马的另一作用是“系束藁其首以缚秧”，就是把束草放在前头用来捆扎秧苗，极为便利。

秧马：王祯《农书》，文渊阁四库全书本

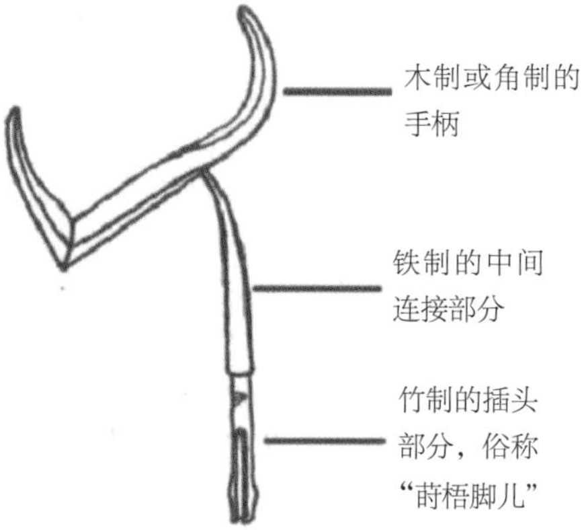

莳梧：插秧工具[1]

1 曾雄生．水稻插秧器具莳梧考——兼论秧马．中国农史，2014，33（2）．

生长三十天后的秧苗被称为“满月秧”，古人认为满月秧正适合移栽，满月秧过了时间变成老秧就会影响以后的产量，此即为《天工开物·乃粒·稻》所说：“秧生三十日即拔起分栽……秧过期老而长节，即栽于亩中，生谷数粒结果而已。”

关于插秧的方法，马一龙《农说》认为：“栽苗者……先以一指搪泥，然后以二指嵌苗置其中，则苗根顺而不逆。”以两指将细小的苗嵌插入土中，秧苗就会插得端正且稳当，还能减少漂秧。《三农纪》还提出，利用大田耙后水浑时期立即插秧，便于栽后泥浆下沉时封住秧眼，能使秧苗更加稳当。

随着技术的发展，插秧的农具也慢慢出现。清代乾隆年间的《直隶通州志》曾记载了江苏南通的插秧工具莳梧。据记载，莳梧形如“乙”字，由三部分组成：最下部分为插头部分，用来插秧入土，大多为竹制，将竹管削成叉状；中间部分为装插头部分，为铁制；最上部分为手柄，一般由硬木做成，也有牛角制成的。操作时，左手执秧，右手握上部前端，分取秧苗，插入土中。直到20世纪五六十年代，南通地区仍有使用莳梧。

插秧：《耕织图》，南宋楼璹作，元代程棨摹

# 第四节 水分控制与施肥

水稻在不同的生长、发育阶段，对水量和肥料的需求也不同，俗话『三分种，七分管，十分收成才保险』即是这个道理。水稻需水主要包括两个方面：生理需水，即水稻自身需水，水稻根系吸收水分供应植株的生长；生态需水，利用水层来改善水稻所生长的生态环境，达到保温、保肥、根系分蘖以及控制微环境等目的。肥料为水稻提供了生长所需的营养物质，改善土壤条件，提高土壤肥力，是农业生产的物质基础。按照生长阶段来看，一季水稻所需的肥料一般可以分为基肥、分蘖肥、穗肥。

水稻在不同生长期对水的需求量也不同。古人对水稻需水规律的认识有着丰富的经验。马一龙《农说》指出，水稻抽穗扬花期间，久雨烈风，都将影响结实。而在灌浆成熟期，如果田内缺水，则稻谷会因不够饱满而减产。如果积水过深，又往往会使稻斑黑腐败。江南地区有经验的农民，判断水多水少大多看稻眼。稻眼指水稻上方叶和茎的接节点，当田里的水过多、超过稻眼时，水稻在六七天之内就会淹死枯萎。由于水的比热容较大，水在灌溉的同时还可被用来调节稻田的温度。

踩踏水车[1]

| 摄于三伏天的南京郊区 |

图中三个农民在小溪旁踩踏水车，他们双手撑住且腹部抵住竹竿用力，一起将下游的水抽到高处。

灌溉水车：满蒙印画协会《亚东印画辑》，东洋文库与京都大学人文研图书馆，1942年

| 摄于袁州（今江西宜春）郊外 |

1 水田的灌溉. 亚东印画辑. 日本：满蒙印画协会，1926.

南方水田排灌借助的主要是翻车，即龙骨车。翻车是东汉末年一个宦官发明的，当时主要用以洒路，三国时期被改造用以灌园。《三国志》记载洛阳城内有一片地势较高的坡地，因为无法灌溉一直荒芜。于是马钧改造了翻车，解决了蔬菜灌溉的问题。隋唐时期，随着南方的开发，翻车成为农田排灌的工具。

灌溉：《耕织图》，南宋楼璹作，元代程棨摹

翻车：王祯《农书》，文渊阁四库全书本

王祯《农书》详述了翻车的构造和使用方法：车身用木板做成槽形，长约2丈[1]，阔4寸[2]或7寸，高约1尺[3]。槽中架着一条行道板，阔狭同槽相称，长则比车身木板槽两端各短1尺，空出的位置安放上端的大轮轴和下端的小轮轴。行道板上面和下面环绕着通连的龙骨板叶，上端绕过大轮轴，下端绕过小轮轴。上端大轴的两头各有4根拐木。大轴安装在岸上的两个木架之间。人身靠在架的横木上，脚下踏动拐木，大轮轴带动板叶向上移动，水就被带动上岸来了。

1 1丈=3.33米。

2 1寸=3.33厘米。

3 1尺=33.3厘米。

筒车，大约出现在隋唐时期，是一种完全靠流水作为动力，转动车轮取水灌田的工具。唐代陈廷章在《水车赋》中描绘了筒车的形状，介绍了筒车的运转情况和功能。王祯《农书》评价筒车："日夜不息，绝胜人力，智之事也。"

**筒车：王祯《农书》，文渊阁四库全书本**

筒车是由一个大轮子做成，在大轮周围一个个轮辐之间的位置上安装了受水板，并斜着系上一个竹筒。在水流很急的岸旁打下两个硬桩，把大轮的轴搁架在桩叉上，让轮子自由地转动。大轮的上半部高出堤岸，下半部没在水里。在岸旁凑近轮上水筒的位置设一个水槽通向田里，槽口正对着轮上的水筒口。水筒在流水中灌满了水，同时水板受急流的冲击，轮子转动起来，当水轮的下半部转到上面，把灌满水的水筒带了上来，水筒转过轮顶时，筒口开始向下倾斜，水就从筒里倒出来，落入水槽，于是水就顺着水槽流向田里。水轮连续不断地转动，槽里也就不断有水流向田里。

虽然南方稻作的起源很早，但文献记述多偏重北方，因而水稻的施肥在早期文献中属于空白。直至宋代江南经济的开发超越北方，农业生产迅猛发展，关于水稻施肥的理论和实践记载才随之不断出现。

陈旉是两宋之交江浙地区的一位隐士，同时又是一位具有丰富经验的农业技术专家。他于南宋绍兴十九年（1149 年）写成的《农书》，分三卷，共计一万多字，是中国古代第一部谈论水稻栽培和种植方法的农书。陈旉《农书》“粪田之宜篇”提出了“地力常新壮”论点。到了元代，王祯《农书》“粪壤篇”进一步阐发这一观点：“田有良薄，土有肥硗，耕农之事，粪壤为急。粪壤者，所以变薄田为良田，化硗土为肥土也。”

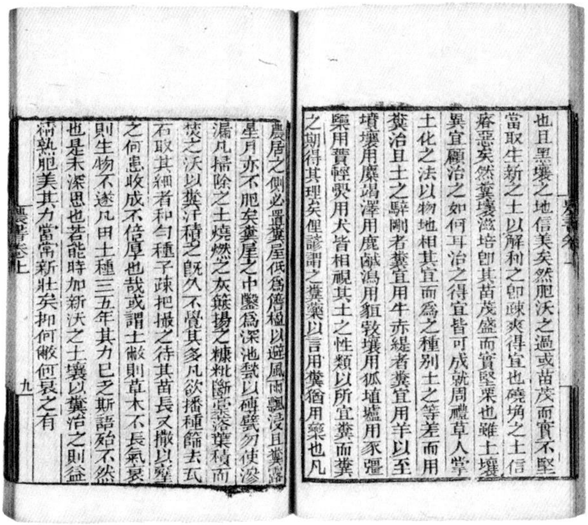
也且黑壤之地信美矣然肥沃之過或苗茂而實不堅當取生新之土以解利之卽疎爽得宜也磽埆之土信瘠惡矣然糞壤滋培卽其苗茂盛而實堅栗也雖土壤異宜顧治之如何耳治之得宜皆可成就周禮草人掌土化之法以物地相其宜而爲之種別土之等差而用糞治且土之騂剛者糞宜用牛赤緹者糞宜用羊以至墳壤用麋渴澤用鹿鹹潟用貆勃壤用狐埴壚用豕彊檃用蕡輕爂用犬皆相視其土之性類以所宜糞而糞之斯得其理矣俚諺謂之糞藥以言用糞猶用藥也凡

農居之側必置糞屋低爲簷楹以避風雨飄浸且糞露星月亦不肥矣糞屋之中鑿爲深池甃以磚甓勿使滲漏凡掃除之土燒燃之灰簸揚之糠粃斷稾落葉積而焚之沃以糞汁積之既久不覺其多凡欲播種篩去瓦石取其細者和勻種子疎把撮之待其苗長又撒以壅之何患收成不倍厚也哉或謂土敝則草木不長氣衰則生物不遂凡田土種三五年其力已乏斯語殆不然也是未深思也若能時加新沃之土壤以糞治之則益精熟肥美其力當常新壯矣抑何敝何衰之有

農書卷上 九

地力常新壮：马俊良《龙威秘书》，清乾隆世德堂重刊本

王祯《农书》将宋元时期的肥料分为五大类，除了踏肥（厩肥），还有苗粪、草粪、火粪和泥粪，这是中国最早出现的肥料分类。其中，苗粪指的是栽培绿肥，如绿豆、小豆、胡麻等，是北方最常用的一种肥料。草粪即沤粪，指的是野生绿肥，如青草、树叶嫩条等沤制而成的有机肥料，适用于南方，尤其适合在秧田中使用。火粪指的是熏土泥，南方较多使用。泥粪指的是河泥。南宋时盛行捻河泥，尤其是江南地区。此外，古时常用的肥料还有人畜粪便、饼肥和杂肥等。

在水稻施肥中，重施基肥和看苗色施肥的经验最为突出。明代徐献忠《吴兴掌故集》记载："湖之老农言：下粪不可太早，太早而后力不接，交秋时多缩而不秀。初种时必以河泥作底，其力慢而长；伏暑时稍下灰或菜饼，其力亦慢而不迅速；立秋后交处暑，始下大肥壅，则其力倍而穗长矣。"这是湖州地区关于单季晚稻的施肥经验。明末清初《沈氏农书》载："凡种田，总不出'粪多力勤'四字，而垫底（基肥）尤为紧要。垫底多，则虽遇水大，而苗肯参长浮面，不致淹没；遇旱年，虽种迟，易于发作。"重施基肥禾苗易长，能多分蘖，还能抗涝抗旱。此外，还需要追肥，"须在处暑后，苗做胎时，在苗色正黄之时。如苗色不黄，断不可下接力。到底不黄，到底不可下也。若苗茂密，度其力短，俟抽穗之后，每亩下饼三斗，自足按其力，切不可未黄先下，致好苗而无好稻。"并强调："田上生活，百凡容易，只有接力一壅，须相其时候，察其颜色，为农家最要紧机关。"这说明追肥要看苗色黄不黄来决定，苗色不黄绝不能使，否则有"好苗而无好稻"，很难获得丰收。总之，单季晚稻的施肥应当在深耕基础上重施基肥，并根据稻苗的长势和苗色巧施穗肥。这种看苗色巧施追肥的方法一直流传至今。

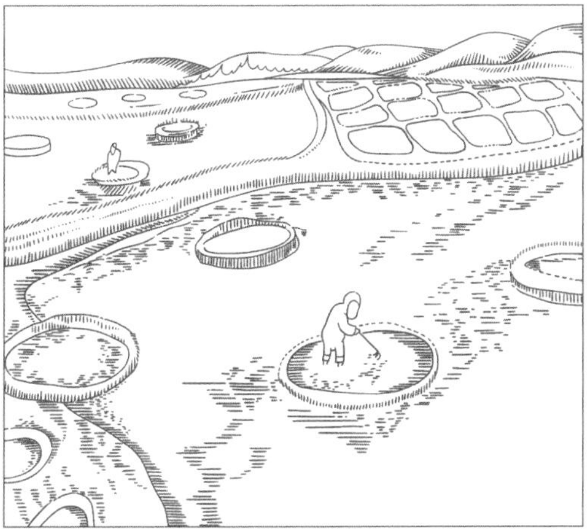

沤制凼肥

| 王宪明 绘 |

江南捻河泥图[1]

由于对肥料、土壤质地和作物种类之间关系有了进一步的认识，杨屾《知本提纲》对当时的施肥经验进行了总结，提出了“三宜”，即时宜、土宜、物宜的观点。“时宜”强调把握时节：春季宜用火土灰，冬季宜用骨蛤、皮毛粪等。“土宜”强调“随土用粪”，阴湿地要用火粪，黄壤用饼肥，沙土用草粪、泥粪，水田则用皮毛蹄角及骨蛤粪，高燥之处用猪粪之类。而碱卤之地，最好不用粪，用了会“诸禾不生”。“物宜”考虑植物的物性，相较麦粟用黑豆粪、苗粪之类，稻田宜用骨蛤蹄角粪、皮毛粪，这样才能获得较高的产量。这种“三宜”的观点即便对于今天来说仍然具有很高的实用价值。

1 游修龄. 中国稻作史. 北京：中国农业出版社，1995：179.

第三章

# 亦有高廪

## 经济重心南移与粮仓变迁

江南地区拥有优越的自然地理条件，但在很长时间内农业生产却远远落后于黄河流域；北方地区的科学技术、教育文化、种植畜牧业都远远优于南方地区。相较于南方『地广人稀』『火耕水耨』，《史记·货殖列传》载，『关中之地，于天下三分之一，而人众不过什三，然量其富，什居其六』；三河『土地小狭，民人众』，邹鲁『颇有桑麻之业……地小人众』。但是，从汉末开始，中原地区不断卷入战乱，北方士人被迫南迁，至南宋末年，先后共形成了三次北人南迁的高潮。大量的劳动力与先进的耕作技术带动了南方水利事业的兴盛，随即促进了南方稻作区的发展，粮仓先后在长江下游与中游发展起来，故明代宋应星说：『今天下育民人者，稻居什七，而来、牟、黍、稷居什三。』

## 第一节

# 苏湖熟，天下足

北宋中后期，苏州已经发展成为『国之仓庾』。南宋之后，苏州一带已成畿甸，『尤所仰给，旁及他路』，当时有江南『岁一顺成，则粒米狼戾，四方取给，充然有余』之说。南宋时，都城杭州每日消费米粮一两千石，而这些大米的主要供给地就是苏州。简而言之，北宋时期，苏州粮食产量高于以往历史上的任何一个朝代；发展到南宋，又超过了北宋的水平。

唐宋时期，江南太湖地区形成了稻麦两熟的耕作制度。白居易描述当时苏州地区稻麦两熟的情况：“去年到郡时，麦穗黄离离。今年去郡日，稻花白霏霏。”宋代兴修农田水利、形成耕—耙—耖和耘耥等精耕细作的水田技术，推动了太湖地区稻麦两熟发展。两宋时期因战乱南迁的北方人口习惯食面，北宋官方大力扩种小麦，在江南推广杂谷尤其是小麦，又促进了江南地区稻麦两熟的发展。

当时稻麦轮作主要在早稻田中实行，不仅发展了稻麦两熟制，而且出现了稻豆两熟和稻菜两熟，极大增加了宋代南方稻作的复种指数，土地的利用率和粮食产量因此大幅提高。唐代太湖地区稻谷亩产 138 公斤，南宋时增至 225 公斤。

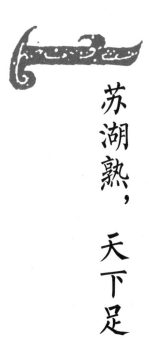

随着农业技术大发展，稻麦两熟制、双季稻以及耐旱高产的占城稻，都得以在江南推广普及。这促使江南农业飞速发展，从“火耕水耨”的粗犷农业进入了精耕细作阶段，土地的开垦和熟化都取得了很好的效果。

唐代的政治重心虽然在中原地带，但经济重心已转向江南地区。唐代李翰有句名言：“嘉禾一穰，江淮为之康；嘉禾一歉，江淮为之俭。”国家财政越来越依赖江南，以至“赋出天下，而江南居十九”，江南由此成为国家的经济命脉。因此宋范祖禹说：“国家根本，仰给东南。”南宋时期也出现了“苏湖熟，天下足”的民谚，这里苏即苏州，湖指湖州。

那么“苏湖熟，天下足”是怎样实现的呢？

田庐：王祯《农书》，文渊阁四库全书本

# 第二节 人口迁移与水利兴盛

宋代以降，『南方的人口无论是总数还是密度都超过了北方』，且『差距有拉大的趋势，直到晚清才停止』。南方人口的发展与南方农田水利事业的发展水平相表里。南方与北方的治水都包括调解洪水和增强土壤肥效两个方面。而区别在于，北方水利设施多是解决洪水充灌农田的问题，南方水利兴建则是为了排除沼湿地区与湖泊中多余的积水，并将这些排过水的沼泽与湖床土地用以耕作水稻。『治稻者，蓄陂塘以潴之，置堤闸以止之。又有作为畦埂。耕耙既熟，放水匀停，掷种于内』。

西晋元康元年（291年）“八王之乱”以后，北方河南、河北、陕西、山西、山东等地频繁遭受战乱、旱灾、蝗灾的侵袭。为躲避战乱屠杀、掠夺和自然灾害，黄河流域人口纷纷向南方迁移，史称“永嘉南迁”。永嘉南迁历时约一个半世纪，至北魏统一北方才基本结束。据统计，至刘宋大明年间（457—464年）迁入长江流域的移民及其后裔总数超过200万。其中，以江苏为首的长江下游是接收北方移民最多的地区。

八王之乱

丨王宪明 绘丨

从唐代中期安史之乱爆发至五代十国期间，发生了中国历史上又一次由北向南的移民高潮，共持续 220 多年。这次移民彻底改变了中国人口分布北重南轻的格局，长江下游成为中国人口密度最大的地区。在长达 200 多年的移民过程中，北方地区共有 650 万人口迁出，长江下游仍然是北方人口迁入最多的地区，并以太湖流域最为集中；其次是四川，以川西平原为主；最后是湖北、湖南等地。北宋徽宗崇宁二年（1103 年）中国人口首次突破 1 亿，其中长江流域人口就有 4200 余万。从靖康元年（1126 年）开始，中国经历了第三次由黄河流域向长江流域的大规模移民，历时 155 年，移民数量接近 500 万，长江下游仍然是接收北方移民最多的地区，其中浙江最多，江苏为次；中游以湖南接收移民的数量较多；最后是上游，以川北和成都平原最为集中。

从晋代至元末发生了三次大规模由北方至南方的人口迁移，长江下游地区是这些跨流域移民的首要迁入地。截至元代，长江下游地区已成为中国人口最密集的区域，这就促进了农业发展、水利圩田建设，太湖地区的稻麦两熟等耕作制度大大提高了粮食产量，到南宋时期成为全国的粮仓，正所谓“苏湖熟，天下足”。

北方移民为南方带来大量劳力、财力以及精耕细作的技术。人口密集促进了农业开发，水利、圩田建设在长江下游特别是太湖地区大规模展开。唐代以后，全国经济重心南移，南方水利兴修超越北方，至南宋时期南方四省（江苏、浙江、江西、福建）的水利项目总和达到北方四省（陕西、河南、山西、直隶）的14.8倍。《宋史》载：“大抵南渡之后，水田之利，富于中原，故水利大兴。”水利条件是南方水田农业生产的命脉，南方农业在水利建设、农具改进和劳动力增多的促进下得以迅速发展，圩田开垦在唐代中叶以后大规模展开，耕地面积因此迅速扩大。

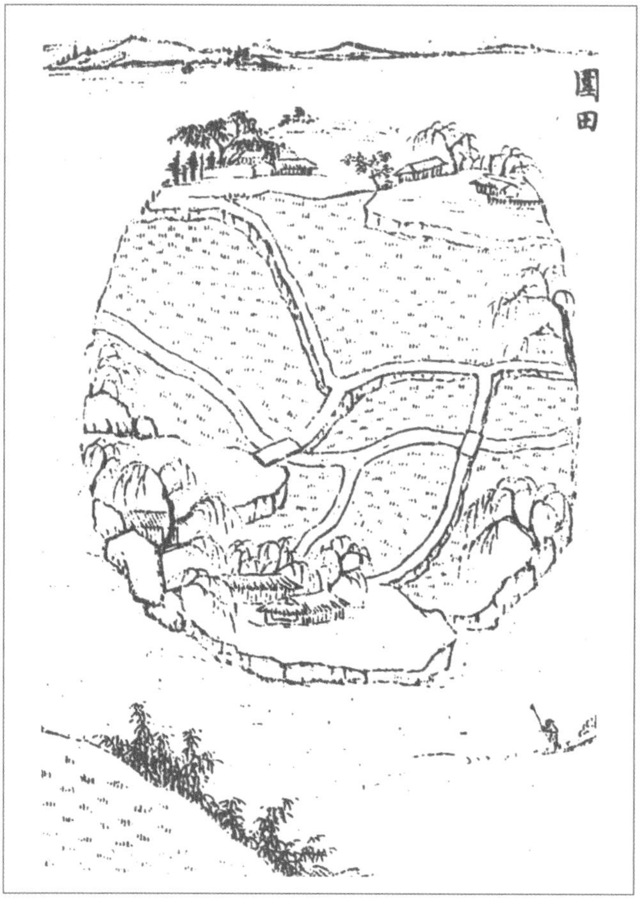


围田：王祯《农书》，文渊阁四库全书本

围田也叫圩田，是一种筑堤挡水护田的土地利用方式。江南地区，地势低下，众水所归，低地畏涝的同时，高地又畏旱。修筑堤岸，化湖为田，抽掉堤岸里的水就可以造田。堤上有涵闸，平时闭闸御水，旱时则开闸放水灌田，这样就能旱涝无虞，保证稻田丰稔。

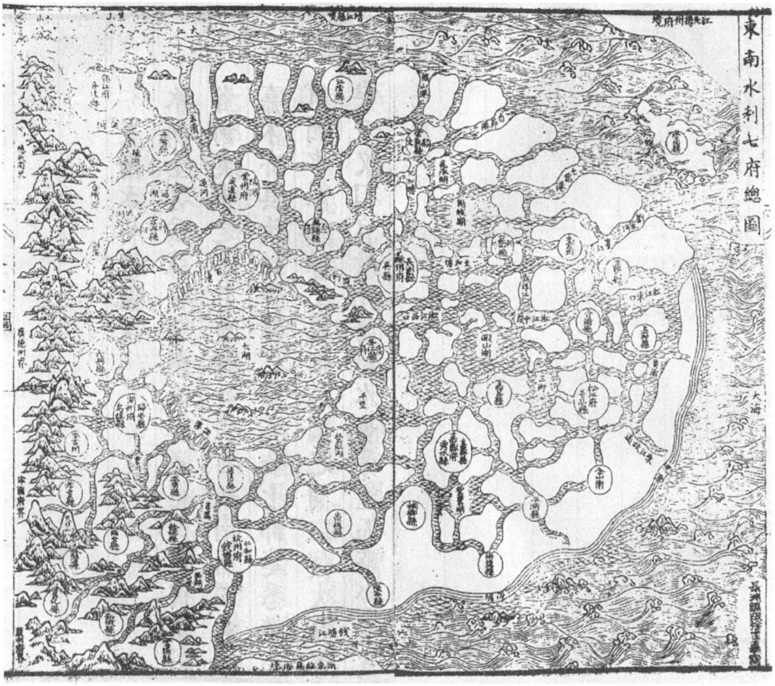


东南水利七府总图：张国维《吴中水利全书》，文渊阁四库全书本

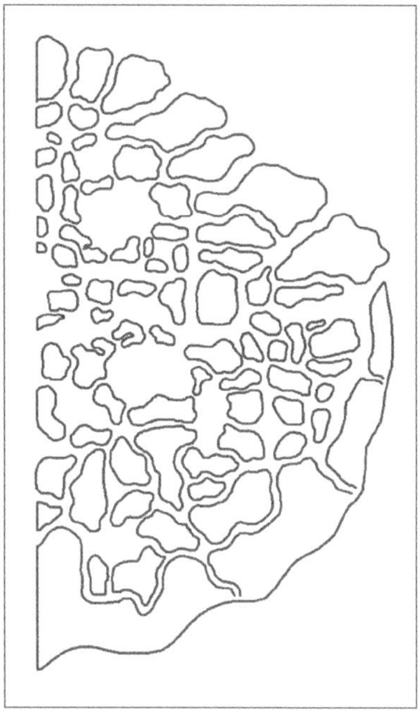

东南水利七府总图局部线拓

唐代中叶以后，太湖地区的塘浦圩田系统加速发展。《新唐书·地理志》记载长庆年间（821—824年）海盐县县令李谔大兴地方水利，开西境古泾301条。五代吴越时期（893—978年）政府格外重视兴建水利，在唐后期形成的塘浦圩田系统的基础上又有了进一步的发展和巩固。

撩浅，是指挖去淤积的泥沙。吴越国有撩浅军一万余人，在都水营田使统率之下分四路执行任务：一路分布在吴淞江地区，着重于吴淞江及其支流的捻泥撩浅工作；一路分布在急水港、淀泖、小官浦地区，着重于开浚东南入海通路；一路分布在杭州西湖地区，着重于清淤、除草、浚泉以及运河航道的维护等工作；一路称为“开江营”，分布在常熟、昆山地区，主要负责东北三十六浦的开浚和浦闸的护理工作。撩浅还兼管筑堤、修桥、植树和捻泥肥田、除草浚泉、居民饮水等工作。撩浅对吴越塘浦圩田的形成和维持起到了重要作用。

至此，太湖地区的塘浦圩田发展为较完整的系统，塘浦深阔。宋代郏亶《奏苏州治水六失六得》列举了横塘纵浦二百六十余条，分布在腹部水田和沿海旱田地区的各占半数，并详尽勾划出五里[1]七里一纵浦，七里十里一横塘，在塘浦纵横交加之间构成了棋盘式圩田系统。腹里圩田以高筑堤岸为主，沿海高地以浚深塘浦为主，使圩田外御洪水和高地引水抗旱都有所依凭。为了防止高地降水内流，高低地之间设堰闸斗涵做控制，高地上保持“塘、浜、门、沥”相通，使自成系统，“冈身之水，常高于低田，不须车畎，而民田足用”，高地低地分级分片控制的规模初步形成。这对五代吴越治理下的太湖地区水旱灾害较少意义重大。

---

1　1里=0.5千米。

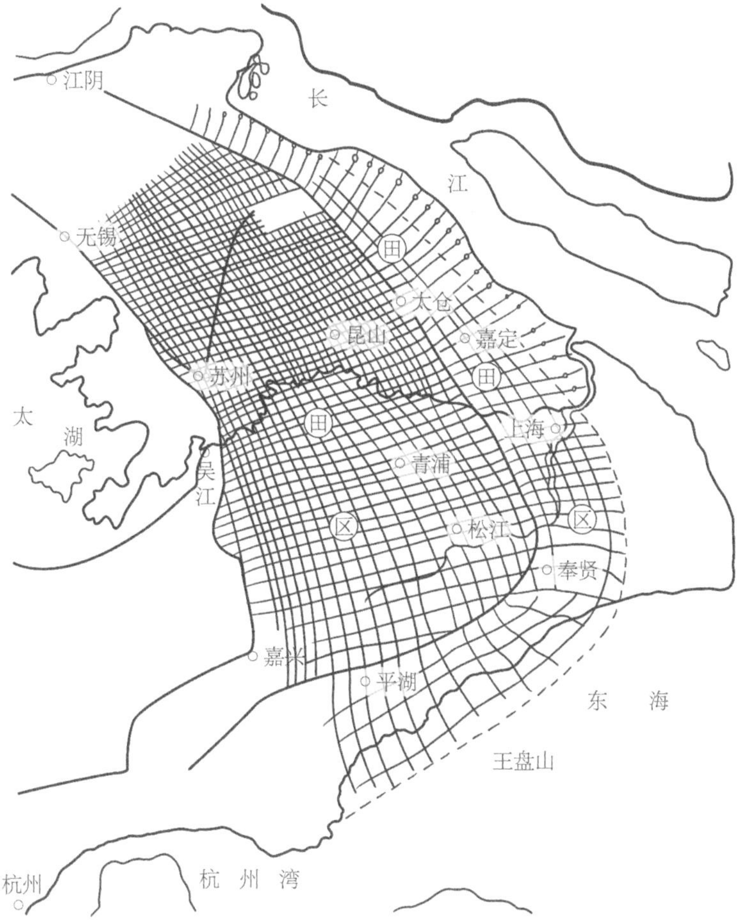


五代吴越塘浦圩田示意图[1]

| 王宪明　绘 |

1　参考郑肇经《太湖水利技术史》图像资料绘制。

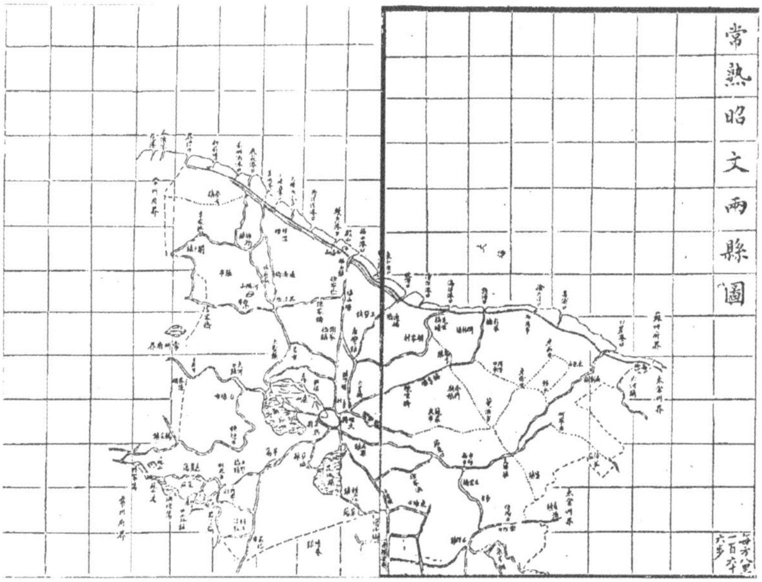


长江三角洲地带（常熟、昭文二县）典型的排水与灌溉系统：同治版《苏州府志》，清光绪九年刊本

北宋初期塘浦大圩制度解体。大圩解体后，太湖地区的圩田以小圩为主。庆历二年（1042 年）筑吴淞江、太湖之间的长堤，横截五六十里，以便漕运。庆历八年（1048 年）在太湖入吴淞江进水口建吴江长桥“垂虹桥”，阻滞了湖水下泄的通道，加重了下游河港的淤塞，水灾增多。为此，宋代多次进行水灾治理工程。

在太湖下游排洪出路上，吴江长堤和长桥的修建使吴淞江进水口束狭，下泄清水量减少，无力冲淤，江尾和大海连接处菱芦丛生，沙泥涨塞。吴江塘岸东沙洲增生，变成了民居和民田。为了改善水利状况，宋代对吴淞江进行过两次较大的裁弯工程，改直盘龙汇、白鹤汇。汇是河道的弯曲部分，一般是较大支浦和江会流处形成的大弯曲。盘龙汇介于华亭、昆山之间，其直线距离才 5 千米，而河道迂曲长 20 千米。宝元元年（1038 年）两浙转运使叶清臣在盘龙汇北开新江，裁弯取直。白鹤汇在盘龙汇的上游，环曲甚于盘龙汇，水行迂滞，不能畅达于海。嘉祐六年（1061 年）两浙转运使李复圭，知昆山县韩正彦取直了白鹤汇。经过这两次裁弯，吴淞江壅塞情形有了明显的改善。

在东北方面，宋代修建了至和塘（即昆山塘），并疏浚三十六浦。至和塘从苏州娄门出，西承太湖鲇鱼口来水，支脉与淀山湖、吴淞江沟通，下接顾泾、黄泗等浦以达于海，能承担古娄江的部分泄水。景祐二年（1035 年）范仲淹主持疏浚福山、许浦、白茆、七丫、茜泾、下张诸浦。政和六年（1116 年）和宣和元年（1119 年）赵霖组织疏治昆山常熟港浦。隆兴二年（1164 年）沈度开浚东北十浦等。此外，宋代对太湖溇渎也进行了一系列的疏浚。开通疏浚河湖港浦是太湖水利和圩田建设的主要内容，它不仅保证了太湖水系能循环畅通地流入江海，而且使太湖流域的广袤农田能够抗御水旱灾害，成为高产田。

堰闸在太湖地区水利农田工程中扮演了不容忽视的角色。南宋淳熙十一年（1184 年），浙西运河“两岸支港，地势卑下泄水去处，牢固捺成堰坝，仍申严诸闸启闭之法”。在疏浚塘浦的同时，“因塘浦之土以为堤岸，使塘浦阔深而堤岸高厚”；再在堤堰关键河段设立斗闸，“即大水之年，足以潴蓄湖瀼之水，使不与外水相通，而水田之圩埠无冲激之患；大旱之年，可以决斗门水濑，以浸灌民田，而旱田之沟洫有车畎之利”。堰闸的调控保障了太湖地区的广袤农田得灌溉之利。例如，至和塘疏浚前“苏之田膏腴而地下，尝苦水患”，治理后则“田无洿潴，民不病涉”。顾会浦多次开通也使“民田数千顷昔为鱼鳖之藏，皆出为膏腴”“灌溉之厚，民斯赖焉”。淳熙十三年（1186 年）开决淀山湖，“农民闻命欢跃，不待告谕，各裹粮合夫，先行掘凿，于是并湖巨浸，复为良田”。江阴浚治横河、市墩河、东新河、代洪港后，使附近“十乡之田，频苦旱涝，尽除其患”。宋元时期太湖地区成为全国水田最密集的地区。

宋代以太湖流域为中心的两浙地区主要实行水稻两熟或麦稻各一熟，“吴地海陵之仓，天下莫及，税稻再熟”。而在淮河以北，由于气候条件和生产水平所限，好的也只是两年三作制，即麦—豆（或粟）—黍（或高粱）；黄河流域更偏北的地方只能一年一作。南方单产既高，又实行两熟制，更加拉大了南方与北方粮食产量的差距。江南成为中国的粮食生产重心后，水稻也就逐渐超越小麦成为全国产量最大的粮食。《天工开物》称：“今天下育民人者，稻居什七，而来、牟、黍、稷居什三。”明清时期，丝织业和棉纺业大发展使江南地区稻作经济区发生转移，大量土地改种棉花、桑树等经济作物，不再有余粮向外输出，反而需从湖北、湖南和两广地区运入粮食，于是代之以“湖广熟，天下足”。

水闸：王祯《农书》，文渊阁四库全书本

## 第三节 湖广熟，天下足

到了明中叶，苏湖的粮仓地位已经为湖广所取代，明末吴学俨的《地图总要·湖广总论》记曰：『楚固泽国，耕稼甚饶，一岁再获，柴桑吴楚多仰给焉。』谚曰：『湖广熟，天下足。言土地沃广，而长江转输便易，非他省比。』此前的粮仓苏州等地甚至已经要靠湖广来供给粮食所需。

“湖广熟，天下足”虽在明代中叶就已出现，湖南郴州人何孟春在《余冬录》中说：“今两畿外，郡县分隶于十三省，而湖藩辖府十四，州十七，县一百四，其地视诸省为最巨。其郡县赋额视江南、西诸郡所入差不及，而‘湖广熟，天下足’之谣，天下信之，盖地有余利也。”但真正确立是在明代万历时期。明代正德七年（1512 年），湖广田为 22 万余顷，人口为 470 万余，人均耕地不过 4.7 亩。嘉靖以降至明末，湖广土地尤其是江汉平原的垸田得到了大规模开发，万历十年（1582 年）湖广巡抚陈省在奏报湖广土地清丈结果的题本中指出湖广田亩较正德高出 65%，而总数为正德年间的 4 倍余。万历初湖广人口总数在 500 万以内，人均耕地高达 18 亩以上。人均耕地的成倍增长导致粮食大量剩余，万历初年，“湖广熟，天下足”成为湖广余粮大量外运的代名词。

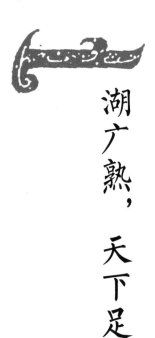

康熙三十八年（1699 年）六月一日，康熙帝因江浙米贵传谕大学士时，第一次提到“湖广熟，天下足”，此后这句俗语常见于他的朱批。康熙五十八年（1719 年）湖广巡抚张连登奏报早稻收成分数时，康熙朱批道：“俗语云，湖广熟，天下足。湖北如此，湖南亦可知矣。”雍正十二年（1734 年）九月初五日，在湖广总督迈柱的奏折中，雍正帝再提：“民间俗谚：湖广熟，天下足。丰收如是，实慰朕怀。”

到了乾隆初年，两湖地区人口增多、水灾频仍，出现了生产停滞，米粮输出也盛极而衰，“湖广熟，天下足”也就不再为人所提及。

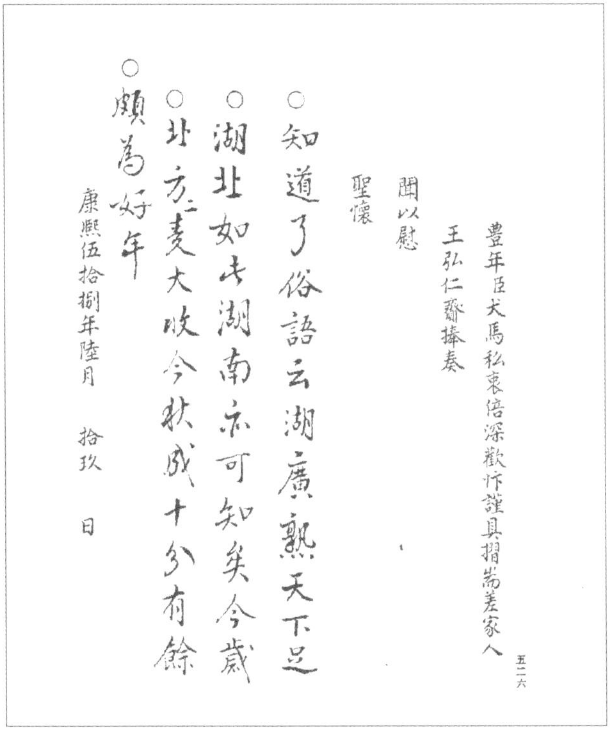
豐年臣犬馬私衷倍深歡忭謹具摺齎差家人
王弘仁齎捧奏
聞以慰
聖懷
○知道了俗語云湖廣熟天下足
○湖北如此湖南亦可知矣今歲
○北方二麥大收今秋成十分有餘
○頗為好年
康熙伍拾捌年陸月 拾玖 日
五二六

康熙五十八年六月十九日湖广巡抚张连登奏报早稻收成分数折：
康熙朝汉文朱批奏折[1]

1 中国第一历史档案馆. 康熙朝汉文朱批奏折汇编第 8 册. 北京：档案出版社，1985：526.

# 第四节 经济转型与多熟轮作

中国传统农业注重充分利用种植空间，合理调配种植结构，最大限度地发挥土、光、热、肥、水、气等环境因子作用，从而实现增产增收的目的。此外，合理利用种植时间，推行多熟制度，提高复种指数，可追溯至两千多年前的春秋战国时期，如《荀子》所说『一岁而再获之』，即是多熟制度的雏形。南方稻作区多熟制度的发展晚于北方旱作区，至唐宋时期，太湖地区始形成稻麦两熟制。

“湖广熟，天下足”的成因与江南经济发展的转型、迁移人口的变化以及对洞庭湖的围用有关。明清时期，随着农业商品经济和手工业经济的发展，江南地区农作物种植开始向商品化发展，棉、桑、蓝靛、烟、茶等经济作物的种植面积迅速扩大，粮食的种植面积被压缩，导致了粮食总产量下降。而江南市镇化的发展使得蚕桑等以非粮食专业维持生计的群体增多，加大了当地的粮食消耗，导致江南地区的粮食供应缺口越来越大，江南地区逐渐由余粮输出区转变为商品粮输入区。

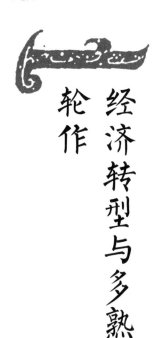

种植经济作物如桑等，受自然条件的限制较小，却可获得高出粮食数倍的收入。江南地区最初只在田边路旁植桑，后来变成稻田植桑，出现“桑争稻田”，使农业经营重点从集约化程度较低的粮食种植向集约化程度相对较高的经济作物生产转移，类似情况还有“棉争稻田”“烟争稻田”。而明代嘉万年间实行“一条鞭法”以后，农民可以用钱代粮完纳赋役，又促进了商品经济的进一步发展。江南地区粮食生产比重下降，于是湖广地区由长期的田地开发承接了江南地区的粮食输出功能。

明清时期，长江流域已是全国的人口重心，人口数量达到2亿，人口迁移主要发生在流域内部，由东向西、由平原向山区的迁移成为主流，湖广地区成为这一阶段移民输入的主要区域。“湖广”元代指湖广等处行中书省，明清以后指“两湖”地区，即湖北、湖南。迁入湖广的人口以江西籍移民占主体，“江西填湖广”最为典型。明代是湖广移民迁入的高峰期。长江中上游成为新的人口密集区，大量劳动力满足了中游湖区大规模的垸田建设和中上游丘陵山地的开发，可耕地面积大幅增加，促使明清时期中游取代下游成为新的粮仓。

洞庭湖的围湖垦殖始于宋，盛于明清。明代曾在“八百里洞庭”筑圩堤一百多处，清代增至四五百处。清前期洞庭湖有6000平方千米，三四十年后竟淤出了一个南县，1894年，洞庭湖已缩小至5400平方千米。到明末时，洞庭湖面已被大范围围占成为垸田，而清代垸田增加更多。明清时期垸田的兴筑，推动了稻作面积的扩大，粮食产量占农作物总产量的比例高，且生产技术水平超过邻近地区。两湖之间的农业区不仅实行了双季稻，而且推广了轮作复种制度，稻麦轮种在湖北尤为突出。

## 第五节 涂田沙田架田梯田

涂田主要分布在东南沿海地区，是海水退却之后，以海滩上留下的淤泥进行种植，再利用海潮对江水的顶托作用进行灌溉的一种农田。沙田是在原来沙洲的基础上开发出来的，又叫『沙洲田』。架田，即人造的水上浮田。人们从自然形成的葑田得到启发，做成木架浮在水面，将木架里填满带泥的菰根，让水草生长纠结填满框架，上种庄稼而为架田。梯田是在山区丘陵地带坡地上沿等高线筑埂、平地，修成台阶状的农田，有保水、保土、保肥的功效。

中国是世界上唯一一个文化未遭断绝的文明古国，这在很大程度上是因为现代社会以前的中国社会是一种超稳定的农业社会。中国农业是一种节约土地型的、以高劳动投入为特征的集约式农业，与历史上的人地关系特征相联系，即保持一定增长率的稳定人口在每一历史时期都形成人口压力，农业的发展主要是人口压力推动的结果。在一定生产力水平下，人口压力首先导致耕地面积的扩大，然后才是集约化程度的提高。由于人口增加，中国历史上先后出现了与山争地和与水争地的浪潮，在中部和南部的山区，适应水稻上山的需要并具有保持水土意义的梯田发展起来，江南水乡则出现了圩田之外的涂田、沙田、架田等。

## 涂田

东南沿海滩涂地的围垦始于唐代，盛于五代两宋时期。这段时间南方人口激增，沿海地区大力兴建捍海塘堰，为大规模围垦滩头涂地提供了条件。北宋熙宁二年（1069年）朝廷下令准许垦海而田。不久，又发现闽江下游及入海口所形成的沙滩和海涂，“海退泥沙淤塞，瘠卤可变膏腴”，开发涂田已是民心所向。北宋绍圣年间（1094—1098年）朝廷再次出台“依法成田请税”的规定。向涂田征税表明当时的海涂已成可耕之田。南宋绍兴六年（1136年），在向农民出售的国有土地中就有“海退泥田”。淮东、两浙和福建沿海的捍海塘堰逐步连接之后，东南沿海一望无际的海坪，在大段大段捍海塘堰的护卫之下，终于成为新的具有巨大潜力的耕地资源。捍海塘堰与排灌陂闸工程的配套使得塘内涂田的盐碱度降低，从而成为大片良田。清代的《广东新语》详述了南方的涂田利用，提到番禺诸乡有一种“大禾田”（涂田的水稻品种名大禾），在收获以后“则以海水淋秆烧盐”。还提到一种名为“潮田”的涂田，岭南的气温条件虽然允许一年两熟以上，但潮田因水咸只能一年一熟，所种的水稻也是一种特别耐盐碱的红米品种。

**福建宁德福鼎市点头镇江美村滨海涂田**

涂田受咸潮的侵蚀，通常需要“洗盐”。王祯《农书》详述了三个“洗盐”方案：一是筑海塘抵潮。抵挡潮泛可以保护农田不受咸潮侵害。二是生物降解。选择一些能够在盐碱土上生长的动、植物，先行种植和养殖，起到生物耕作和降解的作用，还可以养鱼虾和种植咸水稻等。三是开沟蓄水。在海堤内，涂田四周开沟以蓄积雨水，用来灌溉。

## 沙田

沙田的开发与宋室南渡、大量人口南迁造成人满为患的局面有关。开发沙田可缓解人多地少的问题。沙洲经流民开发而成为沙田，因为沙洲是由江水冲淤而成，所以又称“江涨沙田”。比之涂田，沙田免去了淡水冲灌的环节，但也因为受江水冲刷，沙田的位置和面积都极不稳定。

王祯《农书》称“沙田，南方江淮间沙淤之田也”，沙田因沙泥淤积而成，又可因江水流向而改变，很难形成固定的面积。南宋乾道年间（1165—1173年），梁俊彦请税沙田，以助军饷。宰相叶颙奏曰：“沙田者，乃江滨出没之地，水激于东，则沙涨于西，水激于西，则沙复涨于东。百姓随沙涨之东西而田焉，是未可以为常也。”这才作罢。

沙田：王祯《农书》，文渊阁四库全书本
沙田以蒹葭护岸，田地适宜种水稻，也能种桑麻。

## 架田

水上浮田按形成的性质大致可以分为葑田和架田两类。葑田是由泥沙淤积于菱草根部，漂浮于水面，自然形成的一块土地，因菱草称葑，故由菱草淤积泥沙而成的耕地被称为葑田。架田，王祯认为就像是以竹筏支撑着的田。在湖沼水深的地方，用木头搭架，上铺葑泥，缚成田丘，系着浮在水面上。用草根盘结的葑泥堆叠在木架上面，就可以种庄稼。木架田丘浮在水面，随水上下，不会被水淹没，也没有干旱的威胁，且有速成的功效。

宋元时期，江南、淮东和两广都有架田。南宋诗人范成大有诗句“小船撑取葑田归”，说的就是当时江苏吴县一带水上架田的情景。

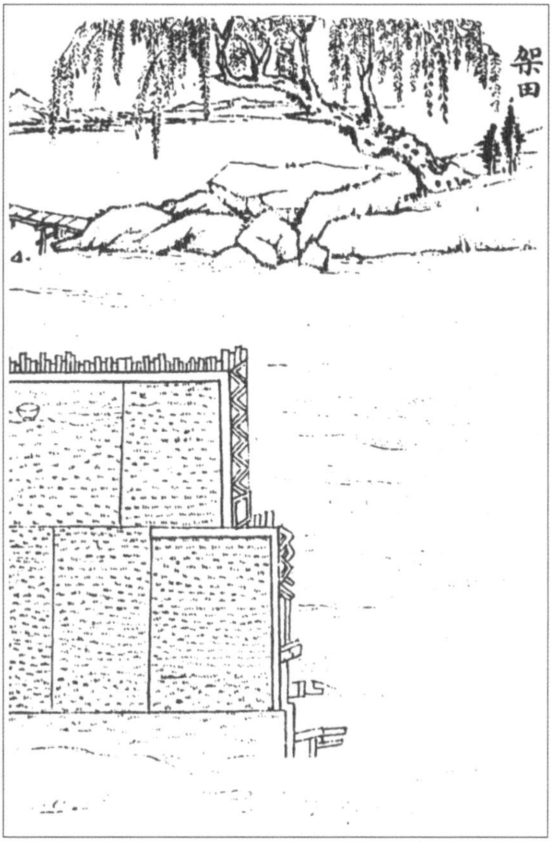


架田：王祯《农书》，文渊阁四库全书本

围堤内水浅处种早稻，水深处可种穇稗，高处种旱田作物。

## 梯田

梯田的历史可以一直上溯到战国时期。楚国宋玉《高唐赋》中就有“若丽山之孤亩”，至迟在宋玉之时楚国梯田的雏形已经出现。但直到宋代才正式出现“梯田”之名，范成大在《骖鸾录》中记录江西宜春的梯田时说：“出庙三十里到仰山，缘山腹乔松之磴甚危。岭陂上皆禾田，层层而上至顶，名梯田。”元代王祯《农书》有关于梯田的记载：“梯田，谓为梯山为田也。夫山多地少之处，除磊石及峭壁例同不毛，其余所在土山，下至横麓，上至危巅，一体之间，裁作重磴，即可种艺。如土石相半，则必叠石相次，包土成田。又有山势峻极，不可展足，播殖之际，人皆伛偻蚁沿而上，耨土而种，蹑坎而耘。此山田不等，自下登陟，俱若梯磴，故总曰梯田。上有水源则可种粳秫，如止陆种，亦宜粟麦。盖田尽而地，地尽而山。”

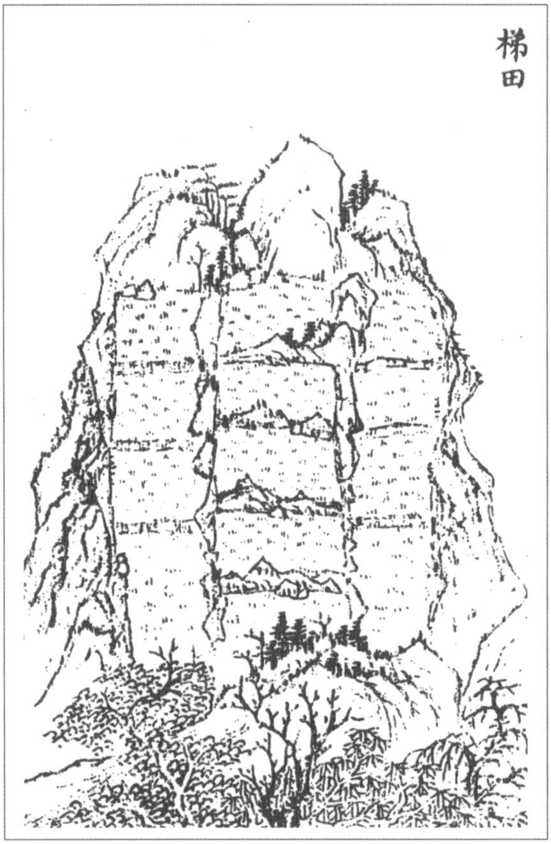


梯田：王祯《农书》，文渊阁四库全书本

水稻通过梯田逐步由“平陂易野”登上高山峻岭，在扩展生产用地的同时，也形成了缘山环绕、状如螺旋的山田景观。当代保存较好的梯田区有新化紫鹊界梯田、云南红河哈尼梯田和广西桂林龙胜梯田等。

因农业生态环境的衰退，中国古代的经济中心曾发生过数次转移。大体而言，黄土高原支撑了中国历史约1500年的发展，华北平原支撑了约1000年，南方低湿地区则支撑了中国传统社会后期的1500年，至今未出现衰落的趋势。唐宋以后，中国发展依赖于南方的低湿地区，水稻成为南方经济的重心。中国传统社会因粮食危机多次爆发农民起义，但大都集中在旱作农业区，这是因为中国以水稻为中心的生态系统具有一定的韧性。

新化紫鹊界梯田景观

| 王宪明　绘 |

位于湖南娄底市新化县水车镇，层层叠叠的梯田以紫鹊界为中心向四周绵延，形成龙普梯田、白水梯田、石龙梯田。梯田面积最大的不到1亩，最小的只能插几十蔸禾，当地人称之为“蓑衣丘”“斗笠丘”，因而不便使用耕牛和犁耙，更无法运用现代农机耕作，原始的手工耕作方式一直沿传至今。紫鹊界梯田始于秦汉，盛于宋明，至今已有2000余年历史，是苗、瑶、侗、汉等多民族历代先民共同创造的劳动成果，是南方稻作文化与苗瑶山地渔猎文化交融糅合的历史遗存。

高山本来只能种植旱地作物，但从战国时期开始，中国南方山区的古代先民就开始利用梯田保水，防止水土流失，不需要开挖蓄水设施，单依靠梯田的土壤和植被涵养水源，就能形成隐形的灌溉系统，供应水稻生长。

水稻与牛、猪形成大型的循环体系，又与养鱼、鸭、虾等结合形成小型的共生系统。在稻田生态系统中，群落的结构以稻为主体，还有昆虫、杂草、敌害生物等，引入水产动物后，生态系统群落的组成和相互关系发生了重要变化。如稻田养草鱼与鲤鱼，鱼能吃掉稻田中的杂草和害虫，疏松土壤，还能减少稻田肥分

清代梯田图

| 约翰 · 汤姆逊[1]（John Thomson，1837—1921） 摄 |

1 苏格兰摄影家、地理学家、旅行家，纪实摄影领域的先驱，是最早来远东旅行并用照片记录各地人文风俗和自然景观的摄影师之一。

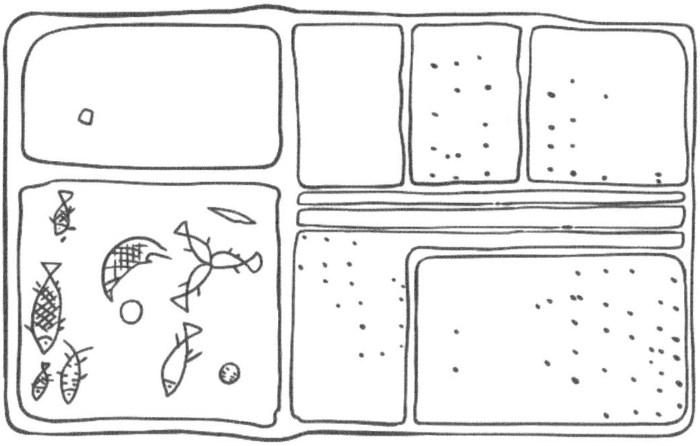

四川宜宾东汉陶水田鱼塘模型线图

| 王宪明　绘 |

的损失和敌害生物的侵蚀，可节省人工饲料、肥料和农药。同时，杂草等转化成鱼肉和粪便，粪便又被水稻利用，从而促进水稻生长，增加水稻产量。

中国稻田养鱼的历史十分悠久，早在2000多年前的陕西汉中、四川成都就已盛行。在陕西、四川的东汉墓出土的陶器中就有水田内养殖鲤鱼、草鱼的模型。三国时期，魏武《四时食制》就有稻田养鱼的记载。稻田养鱼在江南地区非常普遍。最早记载稻田养鱼是在明洪武二十四年（1391年），浙江《青田县志·土产类》载“田鱼有红黑驳数色，于稻田及圩池养之”，至迟在600多年前浙江青田已经开始稻田养鱼。2005年6月，浙江青田稻鱼共生系统被联合国粮农组织列入首批全球重要农业文化遗产保护试点，成为中国第一个世界农业文化遗产。

# 第四章

# 生命之路

## 水稻在世界的传播

水稻原产于中国，是世界主要粮食作物之一。稻的栽培历史可追溯到公元前16000—前12000年的中国。公元前25世纪，水稻传至南亚的印度和印度尼西亚、泰国、菲律宾等东南亚地区，公元前23世纪进入朝鲜，公元前15—前9世纪传播至大洋洲波利尼西亚岛屿，公元前5—前3世纪传入近东，再经巴尔干半岛于公元前传入匈牙利（罗马帝国），公元前4世纪传入日本，公元前3世纪由亚历山大大帝带到埃及，7世纪越太平洋往东至复活节岛，15世纪末以哥伦布第二次航海为契机在美洲的西印度群岛推广，16世纪后传到美国的佛罗里达州并向西扩展，19世纪传入加利福尼亚州，拉美的哥伦比亚1580年始有稻作栽培，巴西稻作始于1761年，澳大利亚在1950年才引种成功。

# 第一节 稻米供养在中国

联合国粮食及农业组织第三十一次大会通过的2/2001号决议，于2002年12月16日宣布2004年为国际水稻年。联大代表一致认为：水稻作为食物的主要来源，养活了一半以上的世界人口，加强稻作系统的可持续发展和提高生产力，需要全社会多方面承担义务，以及政府和政府间的行动。国际水稻年的主题为『稻米就是生命』。

水稻产量远高于麦、粟等杂粮，1公顷[1]常规品种水稻平均能养活5.63人，而小麦只能养活3.67人。此外，水稻还适合多熟种植，这在历史上为明清时期中国迅速增长的人口提供了重要的粮食保障。明前期，长江中下游地区均以种植水稻为主，间种大豆、山药、水旱芋等杂粮，山区及近山丘陵地带则种植麦、粟等作物；明中期以后，随着移民的大量迁入，粮食的需求量大增，促使中游山区、丘陵地带大规模地开山造田，用以种植产量远高于麦、粟等杂粮的水稻。

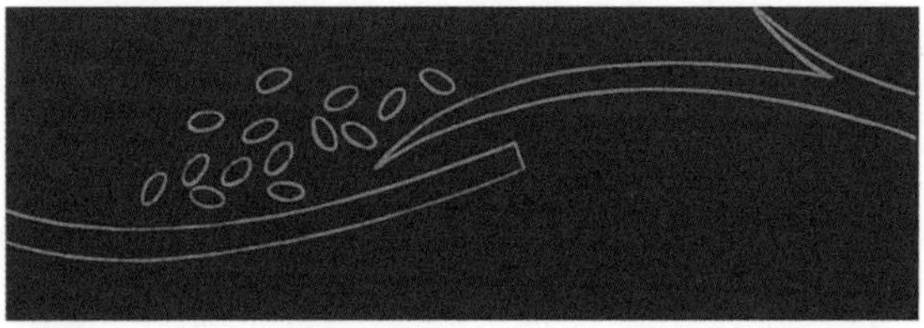

2004国际水稻年（International Year of Rice）

| 王宪明　绘 |

1　1公顷=10000平方米。

入清以后人口迅速增长，乾隆六年（1741年）达1.4亿，乾隆三十年（1765年）至2亿，乾隆五十五年（1790年）再增加到3亿，到道光三十一年（1851年）中国人口达到4.3亿的高峰。在此期间耕地面积虽然有所增长，但远不及人口增长。从康熙四十七年（1708年）到嘉庆十七年（1812年）的105年中，人口增加了248%，而耕地只增加了48%，人口增长速度是耕地增长速度的5.16倍。人口增速与耕地增速的差距导致人均耕地面积迅速下降。清初张履祥说："百亩之土，可养二三十人。"清洪亮吉也称："一人之身，岁得四亩，便可得生计矣。"维持一个人的生活所需耕地约4亩，而自乾隆以后人均耕地面积都低于这个标准，南方尤为严重。提高土地利用率刻不容缓。

清代多熟种植的发展是解决人均口粮问题的关键，从一年一熟制发展成两年三熟制、一年两熟制和一年三熟制，而且多熟种植遍及黄河中下游、长江中下游和闽广地区。清代南方有多熟种植记载的州县数量接近总数的1/3，多熟制州县比例较高的省区有广东、福建和江西，在气温常年较高的地区甚至发展到三熟制。如康熙年间广东番禺诸乡二季稻加一季旱作的记载（《广东新语·食语》）；光绪《临汀汇考》中记有一季水稻加二季旱作的种植方式；乾隆三十九年（1774年）《番禺县志》中有连续种植三季稻的最早记载。多熟种植极大地提高了土地的利用率，亩产量的提高也极为可观。在南方一年两熟制地区，土地利用率实际提高了100%，华南一年三熟制地区的土地利用率提高了200%；粮食亩产量在两年三熟制地区提高了12%～30%，在稻麦一年两熟制地区提高了20%～91%，在双季稻地区提高了25%～50%。多种类型的种植方式为扩大复种面积、提高复种指数提供了技术保证，解决了清代激增人口对粮食的需求，成为中华文明得以延续与发展的根本保障。

# 第二节 水稻在日本

早在1700年，水稻已经成为日本的主粮，日本人凭借对水稻的坚定信念，创造了丰富的神话传说和多样的习俗，塑造了以稻米为主食的日本人的性格和精神特质。以『饭稻羹鱼』为核心的膳食结构，在一定意义上继承了古代中国江南一带的文化内核。稻米已经成为日本一个重要的饮食文化象征，在日本的重要节庆仪式中均得到充分展示，隐喻着日本人对于自我和他人的关系认同。

学术界一般认为，稻作由中国传入日本有三条路径：其一为江淮地区经山东半岛、辽东半岛到朝鲜半岛南部和日本九州岛北路的华北线路；其二为长江下游直接渡海到日本九州岛北部和朝鲜半岛南部的华东线路；其三为从中国江南经日本西南部的琉球群岛、萨南群岛至九州岛南部的华南线路。目前的考古发现支持了第一条经朝鲜半岛传入日本的华北线路。在九州岛北路发现的半月形石镰刀、石斧、细形铜剑和多钮细文镜等青铜器、支石墓等是经朝鲜半岛传去的早期稻作文化要素。此外，考古学家在韩国忠清南道扶余郡草村的松菊里遗址、朝鲜平壤市湖南洞的南京遗址、京畿道骊州郡占东面的欣岩里遗址发掘出了大量3000年前的粳稻炭化米和近似于日本弥生时代的石器、青铜器等文物，并且那里的旱作要早于

炭化米・板付遗址（今福冈市博多区）[1] 出土
| 王宪明　绘，原件藏于日本 Plenus 米食文化研究所 |

竖穴住居建筑物：三内丸山 [2] 复原
| 王宪明　绘 |

稻作，这可能说明了在长江下游发展起来的稻作文化先传入朝鲜半岛，在那里融合了北方旱作文化要素，在绳纹文化晚期稻作文化和某些旱作文化要素同时传入了日本。

日本稻作的最早栽培时间约是在绳纹晚期和弥生早期（公元前5—前2世纪）。绳纹时代是日本的新石器时代，因绳纹式陶器而得名。绳纹人的生活是一个以聚落为中心的闭塞世界，住所为竖穴式住所和铺石洞穴。生活用具有打制的石镞（石制的箭头）、石枪以及用鹿骨制作的骨镞，还有陶制或木制的、涂有漆的腕饰以及玉石制作的耳馈和骨制的发饰等工艺品。在绳纹后期的遗址中陆陆续续发现了炭化米、大麦粒的压痕和水稻田的遗址，说明在绳纹后期已经栽培麦、稻等作物。这些原始耕作经验的积累为其后弥生时代水稻的广泛耕作打下了坚实的基础。

1　福冈市博多区的板付遗址是日本最早开始水稻种植的农村之一，公元前10世纪便开始了水稻种植。

2　三内丸山古迹，距今5500～4000年，是日本规模最大的绳纹村落古迹。

公元前3—前2世纪，日本社会进入了一个新的历史时期。水稻传入日本不久，农耕技术从九州地区经由濑户内海逐渐扩展到四国及伊势湾一带，并传至全国。稻作生产经济方式取代了采集、狩猎、捕捞等自然经济形式，生产力得到了很大提高，其结果不仅是生产方式的革命，且从根本上改变了日本列岛的信仰、礼仪、风俗习惯、文明景观，使日本民族进入了一个全新的历史时期，由绳纹时代进入弥生时代（公元前3世纪—3世纪），水稻的种植和铁器应用成为弥生文化的重要特征。

水稻农耕营造的人文景观体现在诸多方面。首先，住居和村落发生变化，弥生人从山地、森林、海滩向湿润的低洼地移动，除了传统的竖穴住居，干栏式建筑开始出现。水稻农耕使弥生人趋向定居，因为需要群体协同作业，形成大规模的环壕村落共同体。其次，陶器的器形和用途发生了变化。弥生粗陶的四种基本形态是钵、瓮、壶和高杯，钵用来盛物，瓮用来煮炊，壶用来储藏稻谷，高杯用来盛装供奉神灵的食物。以上四种粗陶器皿均与农耕生活有着密切的关系。

吉野里历史公园

| 王宪明　绘 |

日本最大规模的弥生时代环壕部落遗迹。

**合掌造**

| 王宪明　绘 |

系日本传统民居的一种建筑方式。屋顶用稻草覆盖，呈人字形的屋顶如双手合十，故得名“合掌”。白川乡五崮山的合掌造村落于 1995 年 12 月被列入联合国教科文组织的世界遗产。

水稻经济取代以采集、渔猎为主的自然经济，伴生而来的是以血缘为纽带的氏族集团逐渐消亡和以地缘为核心的村落共同体迅速壮大。日本的水稻农业文化主要表现为村落共同体文化，水稻栽培的生产经营需要相互协作，这无疑加强了村落共同体内部的凝聚力，使得共同体社会的每个成员经常处于相互依存的状态。于是又产生了共同的祭祀、仪礼，在生产过程中加强了相互联系的意识。在这种社会形态中，集团的伦理规范限制了个人的恣意行动，逐渐演化为一个完全他律性的世界，这就是日本集团主义社会文化的原型。

# 第三节 水稻在东南亚国家

菲律宾历史学家赛地说：『直接来自中国南部的祖先首先把灌溉和种稻的方法介绍到菲律宾来。当加利利的山头响着耶稣圣诞的歌声时，伊夫高人已在他们祖先数世勤劳筑成的梯田中种稻了。』在东南亚，稻作文化伴随着早期的人口迁移而至，正是由于水稻栽培的成功，随着来自中、印商人的贸易频繁，导致了一些帝国的建立。以越南为代表的东南亚国家，原本并不讲究精耕细作，东汉时期却因为耕犁技术的传入，逐渐变得与中国趋同。

稻米之路是中国与东南亚之间最早形成的文化交往之路。中国是稻的发源地，栽培稻和以栽培稻为基础的稻作业历史可以追溯到公元前16000—前12000年的长江中下游地区，此后从中国东南沿海到东南亚的海路、江西、湖南经广东、广西进入中南半岛以及从中国云南南下这几条道路逐渐传入东南亚。公元前4000—前3000年中国到东南亚的稻米之路基本形成。

中国—东南亚的稻米之路，可能始于中国长江中下游—中国东南沿海或者湖南—两广地区—越南红河流域进入泰国东北部。海路始于中国东南沿海到中南半岛沿海地区和东南亚海岛地区，陆路则很可能是经湖南、江西、两广一线首先进入中南半岛北部。

东南亚的稻作业最早起源于红河下游和泰国北部地区，时间最早是在公元前4000多年前，远晚于中国的长江中下游地区。冯原位于红河三角洲，在河内以北不远的地区。已发掘的冯原遗址面积3800平方米，文化层堆积达0.8米，反映出当时居民已长期定居当地。冯原遗址出土了石斧、锄头等石器工具，还有定居居民使用的釜、瓮、盆等大型器物，此外还发现了稻谷遗存和狗、猪、牛、鸡等家养动物的骸骨，这反映出当时的稻作农业已具有一定的发展水平。公元前第三个千年末期或第二个千年早期，冯原已有了稻作及更大范围的物质文化，意味着红河流域下游在4000多年前已经发展了稻作文化。

泰国东北部的班清遗址，在呵叻高原西部边缘的低地山丘地区。距今4000年前，当地的农业社会已在此建立，这里的居民可能已经在河流下游和季节雨水冲积地上种植稻谷。泰国东北部最初的农业居民可能来自越南北部和中国南部沿海地区。继班清遗址之后，泰国发掘了科帕农迪和班高遗址。科帕农迪遗址的直径达200米，公元前2000—前1400年的考古堆积物厚度将近7米，墓坑物品包括成串的贝壳和手镯、石铸以及做工讲究的陶器。在陶器上有稻壳的印痕，稻壳也被掺进土中制作陶器，证明当时的人们已经种植稻谷。

受到中国的影响，印度尼西亚、菲律宾、缅甸、越南等东南亚国家也有广泛的梯田分布。中国和东南亚不仅有着相同的稻作梯田，而且在梯田上种植着相类的稻种。在印度尼西亚爪哇、巴厘，菲律宾的梯田上种植的布鲁稻（芒稻），粒型与中国云南、老挝山区的大粒型粳稻相似而略小。国际水稻所研究认为，爪哇稻和陆稻（粳稻）在遗传上彼此很接近，只是根系发达程度不同，它们存在同源演变的关系。中国云南、老挝山区的陆稻同印度尼西亚群岛等山区的布鲁稻，很可能是古时候陆稻传播过程中受到不同环境长期影响下产生的生态适应型。

东南亚的印度尼西亚、菲律宾、泰国至今仍有蹄耕（牛踏田）的传统。东南亚的一些岛屿以及大陆小河谷盆地周围、山河川沿岸低湿地水田上，依然可以见到用水牛践踏进行水稻种植的情形。此外，越南在 1945 年“八月革命”以前，一些偏僻地区的农村割稻谷以后会放水将田里的杂草耨烂，再把牛赶到田里践踏土壤，之后再插秧，这种“水耨”与中国古代南方的耕作方法一致。

正是由于中国稻作经济在亚洲的传播，越南、日本、朝鲜半岛等地都受到了中国，尤其是中国南方地区饮食文化的影响。越南人使用筷子的习惯和对筷子形制的喜好都与中国相似。佩妮·范·艾斯特里克（Penny Van Esterik）提到，中国在东南亚的影响，以越南表现最明显。公元前 111 年，据有越南北部领土的南越国被纳入汉王朝的版图，汉文化随之输出到了这里。作为东南亚汉文化影响程度最高的越南，因为借鉴了中国的饮食习惯，所以直到今日仍被称为东南亚唯一一个主要依靠筷子进餐的国家。即便越南于 939 年脱离了古代中国的统治，但中国仍然对其具有持续的影响力。

梯田[1]

菲律宾科迪勒拉水稻梯田景观

| 王宪明　绘 |

科迪勒拉山脉，有许多标高超过 1000 米的山峰。巴纳威镇及邦图克、巴达特等地区为梯田的主要分布区域。梯田的总长度大约是 2000 千米，于 1995 年入选世界文化遗产。

1 王祯．王祯农书．王毓瑚，校．北京：农业出版社，1981.

# 第四节 水稻在非洲

非洲的水稻的种植始于几千年前的马里内陆三角洲周边，但西非一直没有建立起真正的水田体系。1965—1975年，除了中国台湾在整个非洲地区建立的水田体系之外，西非地区大部分是非水田稻作生产。这种非水田稻作生产不仅会导致土壤劣化，甚至会降低原本就不高的土壤肥沃度，造成非洲地区长久以来都面临着严峻的粮食安全问题。

非洲栽培稻（Oryza Glaberrima）与亚洲栽培稻（Oryza Sativa）是两种不同的物种。非洲最早的稻是叫“短舌稻”的野生稻，仅分布于非洲西部。公元前1500年左右，在的马里境内的尼日尔河沼泽地带已经开始栽培这种稻子，最初具有近似水生或半水生的浮稻性质，这是非洲栽培稻的初级起源中心。稍后500年，次级多样化中心在塞内加尔、冈比亚和几内亚一带形成，才完成了各种各样品种的分化。所以，非洲栽培稻的驯化史不会超过3500年。

非洲栽培稻标本

| 王宪明　绘 |

非洲栽培稻起源于一种野生可食用的稻米。约公元前 1500 年以前，这种稻谷长在野外，在撒哈拉地区气候潮湿的时候被大量收割。随着气候变得越来越干燥，许多人带着他们的种子向南迁移，非洲栽培稻得到了广泛的种植，直到 16 世纪亚洲栽培稻品种传入西非才发生了转变。非洲栽培稻的果实容易破碎，因此需要在最终成熟前收割整个穗部。目前，非洲稻仍然是当地农民小规模种植的重要作物，也被用于非洲传统医学。

现在，非洲各地栽培最广泛的是亚洲栽培稻，即普通稻。普通稻于 10 世纪前后由阿拉伯人传到东非海岸。16 世纪初，再由葡萄牙人带入西非。如今，亚洲稻已遍及全世界，但非洲栽培稻仍局限于发源地西非，并且，几乎没有扩大分布，唯一的例外是随着移民船传到了中南美。16 世纪，奴隶贩卖时期，非洲栽培稻还传入美洲圭那亚和萨尔瓦多等地，但详细情况并不可知。

非洲栽培稻具有对干旱气候及酸性土壤的特殊适应性，对热带病虫也具有良好的抗性，但是植株较高，产量很低，并且由于干旱等原因，主要分布在非洲撒哈拉沙漠以南地区。非洲栽培稻是尼日尔河和索科托河盆地泛滥地区的主要作物，散播种植于用锄翻掘的水田中。在浅水淹灌地区，水稻是靠雨水的水田作物，用散播、穴播或移栽。在非洲，75%的稻田是陆稻，大部分纳入灌丛休闲或牧草休闲制。由于散播或穴播在用锄头整地的田里，某些非洲农民至今整地时还使用斧、锄和“灌丛刀”。

作为世界上人口最密集的地区之一，非洲的农业产量基本满足不了人口增长和经济发展的需求。2019 年，非洲食物不足发生率为 19.1%，相当于超过 2.5 亿人面临食物不足问题，远远超过世界平均水平（8.9%），且数量增长速度也快于世界其他区域。照这一增长趋势持续下去，到 2030 年时非洲饥饿人口将占全球饥饿人口总数的 51.5%。解决非洲粮食供应问题成了非洲各国政府以及国际社会的一大诉求。

从 1996 年至今，中国政府通过与联合国粮农组织和受援国政府三方实施“南南合作”项目，先后向毛里塔尼亚、加纳、埃塞俄比亚、坦桑尼亚、莫桑比克、喀麦隆、马达加斯加、肯尼亚、安哥拉等非洲国家派出农业专家和技术人员，示范并推广杂交水稻技术。中国杂交水稻品种“川香优 506”还获得布隆迪政府认定，成为非洲率先获得国家颁证的中国杂交水稻品种。要实现杂交水稻在非洲大规模推广，种子生产本土化至关重要。近年来，非洲水稻研究中心（Africa Rice）将非洲栽培稻与亚洲栽培稻杂交，培育出新的种间水稻Nerice，又称非洲新稻。此种株高中等，适应性强，产量比当地非洲栽培稻高50%左右，目前正在西非推广种植。

非洲人的主食，粮食作物以玉米、小麦、高粱、珍珠粟等为主，根茎作物有大薯、木薯和甘薯等，稻米原本处于次要地位。因近二三十年，水稻培育在非洲取得的重大进展，稻米已逐步上升为非洲重要的主粮。

灌丛刀：刚果民主共和国，20 世纪初

| 王宪明　绘 |

和非洲很多部落的农具一样，灌丛刀同时兼具武器的效用。

# 第五节 水稻在美洲

15 世纪末，以哥伦布第二次航海为契机，水稻才得以在美洲的西印度群岛推广。水稻在美国的传播促进了低洼湿地的开发，加强了堤坝等水利设施的建设，节约了美国的生产劳动力，改善了农业环境，并从整体上提升了北美对土地的利用和农业种植水平。

2017 年 10 月 10 日，《科学》官网发表了一篇文章，报道了英国埃克塞特大学何塞·伊里亚特（José Iriarte）等人的研究成果——古代南美洲居民在约 4000 年前驯化了当地的野生水稻。

尽管美洲的原住民广泛食用野生稻，但很少有证据支持这种谷物在新大陆独立驯化。何塞·伊里亚特团队对在蒙特·卡斯特罗（Monte Castelo）的一个沟渠中发现的 320 个水稻植硅体进行了

美国农场机械化生产场景

| 王宪明 绘 |

研究。该处是位于巴西亚马孙盆地西南部的一个从9000多年前到14世纪的考古遗址。从蒙特·卡斯特罗遗址不同年代地层中分布的植结石来看，该地区在9000年前就生长着大量植物，包括野生水稻。随着时间的推移，野生水稻植结石[1]的数量和规格也越来越大。这表明人类可能对野生水稻进行过干预和改良，以求其结出更大的稻穗。促使当地人驯化水稻的原因可能是在距今6000—4000年前这一时期降水量的增加。降雨增多导致季节性洪水频繁，湿地面积扩大。这种自然条件对生产其他农作物不一定有利，但是适合野生水稻的生长和驯化。欧洲殖民期间，原住民人口急剧减少，当地本土文化也随即遭到了破坏，这些都为美洲驯化水稻敲响了丧钟。

新大陆被发现后，亚洲栽培稻传入美洲，美国直到17世纪才第一次播种了由马尔加什引入的水稻，并促使其在美洲广泛传播。有赖于来自西非“大米海岸”的黑奴的贡献（“Black Rice Theory”），水稻的生产得以成为一种常规化和系统化的活动。主要得益于黑奴的种植经验和消费量，水稻在美国的传播促进了北美灌溉业的发展，尤其是对低洼湿地的开发，进一步加强了堤坝等水利设施的建设，还促成了脱粒等农具的发明和完善。到了19世纪20年代，美国国内稻的生产、加工、销售已经以一种商业投资的形式实现了一体化，并且形成了专业化的主产区。但水稻的生产作为一种高度劳工密集产业，一度由于南北战争后的奴隶解放被削弱，同时也激发了大农场经营和机械化发展。即便西方世界不以稻米为主食，稻作为一种经济作物用于出口创汇，其利润甚至达到本土市场的一倍，这就驱使西方资本争先恐后地追逐水稻收益。正因如此，1740年后水稻成了继烟草、小麦之后，英属北美殖民地的第三大农作物。

1 植结石，是存在于多种高等植物细胞中的显微结构小体，常见类型有硅质植结石和草酸钙质植结石。植结石容易保存在考古地层与遗物中，因此常用来鉴定史前栽培植物。

第五章

# 为酒为醴

## 稻作民俗与社会生活

《周礼·地官》：“礼俗、丧纪、祭礼、皆以地媺恶为轻重之法而行之。”郑玄注：“礼俗，邦国都鄙之所行先王旧礼也。”贾公彦疏：“俗者，续也。续代不易，是知先王旧礼。”礼与俗之间的关系并不对立。一些民间风俗经过一定程度的加工和整理，若能在相当范围内得到认可和遵循，也可以成为民间礼制。同样道理，因社会发展和朝代更迭，某些消失殆尽的官方礼仪也可能在民间存续下来，此即为“礼失求诸野”。从古至今，中国皆以农业为立国之本。

# 第一节 稻作神话与图腾

经历了近万年的稻作经济，中国的传统文化已经被打上了深深的稻作文化印记。在南方古老的神话传说中，自从盘古开天辟地，南方的苗族、瑶族、彝族、傣族和汉族都以稻米为主粮。传说中发明农业的神农氏也是南方人。河姆渡出现了稻穗纹陶盆等稻作文化的艺术品，有些民族还形成了自己的图腾信仰，比如壮族对青蛙（壮语为蚂拐）的图腾信仰。

古代中国主要有三种经济文化类型：长城以北的畜牧文化，秦岭、淮河以北的粟作文化，长江流域及其以南地区的稻作文化。不同的经济文化类型与其所在区域的文化生态系统互相依存，这些不同的文化生态系统孕育出了不同的文化传统和民族神话。西南地区是中国古代人类的发源地之一，是古代三大族群百越、百濮、氐羌迁徙流转繁衍的融合地，种族的杂交、文化的交流极为频繁。傣族和壮族是水稻种植民族，氐羌系既有由畜牧文化向稻作文化转型较早的白族，又有由畜牧文化转型为坝区稻作文化，然后又转型为梯田稻作文化的哈尼族等。这些少数民族的稻作神话是保存早期社会稻作文化的重要资料，如傣族关于谷子由来、彝族关于狗找谷种以及哈尼族关于梯田由来的稻作神话。

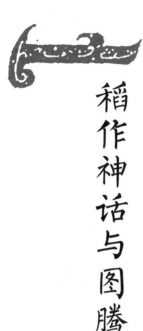

古代傣家人没有粮食吃，仅靠野果树叶充饥，生活艰辛。为了给族人找到可口的粮食，帕雅门腊和帕雅桑木底翻山越岭，走了很多地方，都没有找到。后来，他们只好向部落神求谷种。部落神变成巨鸟告诉他们，在一个叫勐巴牙麦希戈的地方能找到谷物，还将他们送到了那里。那是一个鼠的王国，帕雅门腊和帕雅桑木底向鼠王求谷种。鼠王怜惜人间无粮之苦，送给他们两颗硕大的谷种。他们拿着谷种用了12年时间，经过12个勐才回到人间。从此人们有了粮食。从此，傣族以12个勐的名字作为生肖纪年，鼠年排在首位。

彝族最初没有谷种，为了找到谷种，部族派了个能人去产谷地寻找。能人带着狗到了那里，好话说尽，人家都不肯把谷种卖给他。临走时，机灵的狗跳进谷堆打了个滚，全身沾满谷粒。回到家后，满身的谷粒在路上都抖掉了，只在尾巴的长毛中剩下三颗。彝族人便用这三颗谷种种出了谷子。因为谷种是狗带回来的，彝族过年过节吃饭前都要先喂狗。

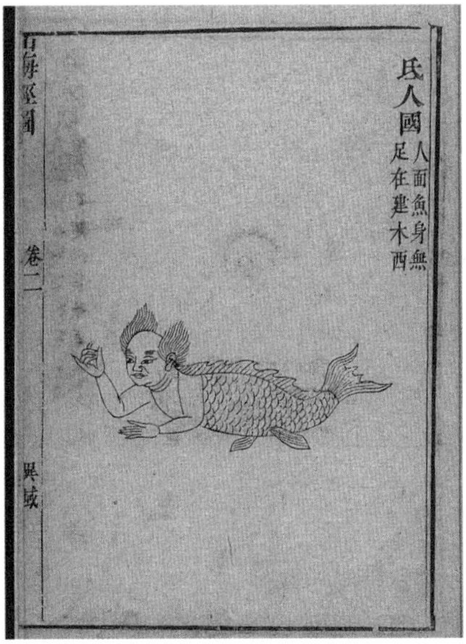


氐人国：清代吴任臣《山海经广注》，金阊书业堂藏版，清乾隆五十一年刊本

古代没有梯田，哈尼族部族居住的地方到处都是深山老林。天神派来三个使者为哈尼族人造梯田，分别叫作罗努、罗乍和依沙。三人分工合作，罗努在山上挖出台地，罗乍修理田埂、路径，依沙开沟引水。据说，依沙的嘴长得像鸭子的嘴，又长又硬，一会儿就开出一条条水沟，引来山泉水灌溉梯田。满山的梯田一造好，他们就不知去向了。后来哈尼族人学着他们三人建造梯田的样子，在山上造出了越来越多的梯田。

**开犁破土**

| 王宪明　绘 |

哈尼梯田依山而制，沿用几千年来的牛耕传统，梯田和耕牛也成了哈尼族的重要标志。春季开犁破土，代表着开启了新一年的农事活动。

“图腾”最初是印第安语“亲属”的意思，古人认为自己的氏族源于某种动物或植物，很自然地使用这些动植物作氏族的徽号，并将其当作神来崇拜。从水稻生产中衍生出来的崇拜物，在植物方面来说，首先是稻谷本身，然后才衍生其他相关图腾。对稻谷的崇拜是在稻谷的发现和培育中，又在对稻谷性能及其对人类生活重要性的认识中不断发展的。对稻谷发生崇拜的时间当在新石器时代的早期。

在将近7000年前的河姆渡文化时期，原始人已能较大量地生产稻谷。在河姆渡人那里，稻米已不仅是用于果腹的粮食，而且是美的装饰品，包含着祈求福祉的信仰内涵。在河姆渡第四文化层出土的1080片敛口釜口沿片，有纹饰的陶片中谷粒纹占到9.1%。这些谷粒纹有写意的，也有写实的，不少还和其他纹饰组合成各种不同的图案。如有个鱼禾纹陶盆，将鱼和水稻刻画在同一陶盆上，有学者认为“既是河姆渡人祈求禾苗茁壮生长、渔业丰盛的写照，又是一种吉兆的表示”。当时人们用稻谷作纹饰已经带有某种宗教心理，“有个稻穗纹刻因其穗长、谷粒饱满而沉甸下垂，旁边还刻有猪纹，反映了农业发展与家畜饲养的相互依存关系，是河姆渡人祈求丰年、家畜兴旺的写照，展现了人们对美好生活的向往”。这不仅彰显了水稻生产在河姆渡人生活中占据了重要地位，还表现了河姆渡人对稻谷的崇拜心理。

良渚文化遗址中发现的祭坛都建在小山顶上，是原始人祭天地的场所，祭品当然少不了稻谷。在和河姆渡同期的西安半坡仰韶文化遗址中，“就曾发现用陶罐盛满黍稷埋在土中献祭土地神的遗迹”，周代统治者就把稻谷看作祭祀祖宗的上品，《礼记·曲礼》中说：“祭宗庙之礼，稻嘉蔬。”

古越人是稻作文化的发明者之一。他们用稻谷、稻米名作地名、人名和氏族、部落名，“句吴”“仓吾”“瓯越”“瓯骆”“乌浒”等地名及“无”姓、“毋”姓都与稻谷的名称有关。

黎族认为母稻能传宗接代，使粮食增产丰收。在秋季水稻成熟收割之前，黎族人要举行拜祭母稻的仪式，黎语称“庆母稻”。开镰之前，要做糯米糍粑，富裕的人家甚至要杀猪庆祝。开镰后，农户先割几束水稻放在田头，摆上酒肉、糯米糍粑等祭品，然后由长者念诵祝词，祈祷来年水稻丰收。仪式结束后，农户将糯米糍粑分给众人吃；来田头吃糍粑的人越多，越能带来更多的稻的灵魂，稻的灵魂多，丰收就多。

花山岩石画中的蛙形人物形象

| 王宪明　绘 |

2016 年 7 月 15 日，左江花山岩石艺术文化景观在土耳其伊斯坦布尔举行的第 40 届联合国教科文组织世界遗产委员会会议（世界遗产大会）上获准列入世界遗产名录。从画面具体内容来看，这些“人”在一起群舞，像是在举行祭祀活动。

蛙崇拜是早期稻作民族总结的稻作培育过程中的借力经验。古人发现青蛙的某种叫声预示着雷雨即将到来，他们解释不来其中的奥秘，便以为青蛙是受了上天的旨意，呼风唤雨，兆示稻作收成的丰歉。加上青蛙能吃害虫护稻，于是对青蛙倍加崇拜。

在西南古越之地的壮族、侗族等民族，至今还传承着蛙崇拜。比如，壮族先民西瓯部族就以蛙为图腾。壮族生活在华南高温多雨地区，以农业为主要的生产方式。春秋战国时期，西瓯人统一了各部落，将蛙图腾上升为该民族的保护神。壮族人认为“农家无五行，水旱卜蛙声”，于是将蚂拐（蛙）视为掌管风雨的神。

鱼是稻作文化区的一种常见物，是稻作文化的标志。梯田养鱼是哈尼族梯田文化的一大特征，哈尼族人不仅爱吃鱼，还十分崇拜鱼。在云南红河流域一带的哈尼族中流传着一则独特的鱼化生神话：洪水泛滥之后，人们无衣无食，发愁之际，鸟儿告诉他们巨鱼腹中藏有万物的籽种，人们受蜘蛛结网的启发，结大网捉住了巨鱼，获得了籽种，从而得救。还有另外一种说法：洪水后五谷被冲走，人们最后在一条大鱼的腹中找到了籽种。

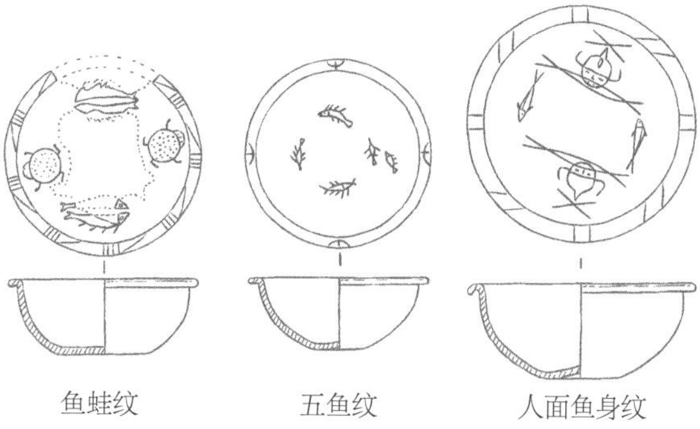


姜寨原始聚落中的几个图腾鱼标志线图[1]

| 王宪明　绘 |

1 参考高强《姜寨史前居民图腾初探》图像资料绘制。

# 第二节 稻作风俗与节庆

古代民族聚族而居，在同一空间范围内活动，逐渐就会发展出具有地域性的风俗。大体而言，中国北方有粟作之风，西北流行游牧风俗，南方则尚稻作风俗。风俗一旦形成，即具有一定的稳定性，代代相传。中国作为一个农业大国历来重视农业生产，追求提高作物单产水平和复种指数。自中国古代经济重心南移之后，水稻在传统社会中的主粮地位渐重，『五谷之首』的地位随之确立。而日久岁深，民间逐渐形成了一些独特的稻作生产习俗和节庆文化传统。

中国自古以农立国，中国传统文化中包含着丰富的重农思想，士农工商是传统中国对职业的基本划分，《国语·周语》说：“民之大事在农”。《管子·牧民》讲：“凡有地牧民者，务在四时，守在仓廪……仓廪实而知礼节，衣食足则知荣辱。”自古代中国的经济重心南移之后，水稻作为“五谷之首”的地位基本确立下来，其在中国传统社会中所发挥的作用也越来越大。首先体现在统治阶层通过每年的大型祭祀活动等所传达的高度重视上，日久岁深，又逐渐形成一系列独特的稻作习俗，进而固化为稻作节日，并通过饮食文化融入中华民族的血脉。传统稻作生产习俗中诸如迎春鞭牛、保青苗、抗旱魔、护耕畜、祈丰收、敬新等，无一不是中国古代社会重农思想的体现。

**明代主苗主稼主病主药五谷神众**

| 山西博物院藏 |

图中右方一老农双手持谷穗，是主稼穑之神。后面五名武士，代表五种谷物之神。

从周代开始，每年孟春之月，当朝天子都要举行藉田礼。《礼记》载有“天子为籍千亩”“天子亲耕于南郊”，并指派官员代表天子到各地劝农。东北地区至今仍然保留着二月二挂《天子（龙）劝耕图》的习俗，以劝化民众春耕。

清人设色祭先农坛卷（局部）

丨故宫博物院藏丨

此图卷分上、下两卷，分别表现雍正帝祭农神和扶犁耕耤田，由此构成皇帝祭祀农神活动的全部内容。上卷纪实性地描绘了雍正帝在先农坛祭祀农神的活动场景。

先农坛始建于明永乐十八年（1420 年），嘉靖年间扩建，是明清两代皇帝祭祀农神、祈求丰收的地方。雍正皇帝在位期间十分重视农业生产，曾多次前往先农坛参加祭祀典礼。

《礼记·月令》等记载，周代“立春之日，天子亲率三公九卿诸侯大夫以迎春于东郊”，举行祭祀太昊、芒神的仪式，以表示对天时的敬重。汉承周礼，形成了一套全国范围内的迎春礼仪体系。《太平寰宇记》引《梁州记》记载：“后汉安帝时，太守桓宣，每至农月，亲载耒耜，以登此台劝民，故后号曰美农台。”到了魏晋南北朝时期，许多民间的迎春习俗和官方的礼仪并行，农家贴“宜春”的帖子，妇女头戴春胜银首饰，后来还发展出了礼俗交感的“迎春鞭牛”等习俗。

民国前，巴中地区的县官在立春前一日都要举行迎春仪式，仪式有简有繁。复杂的先预备一纸扎春牛，再扎一芒神牵牛在手，置于县衙大堂。届时，会有二十八宿仪仗队，芒神、春牛在前引路，

**迎春鞭牛**

浙江衢州有“迎春鞭牛”的习俗。九华乡位于衢州市柯城区的北部山区，九华梧桐祖殿是中国境内为数不多供奉春神——句芒的神庙，这里至今仍保存着一整套最为完整的祭祀仪式。2016 年 11 月 30 日，以九华“立春祭”等为代表的中国“二十四节气”，被列入联合国教科文组织人类非物质文化遗产代表作名录，也是衢州市首个世界人类非物质文化遗产。

县官坐在轿中，其他官吏、春官等随其后。锣鼓喧天，唱至城郊数里外。首先，将两头牯牛牵至场地上，尾系火炮，点燃惊牛，引起牛斗，以乐观众。然后，再驯牛就耕，县官扶犁，叱牛耕地，往返三次，以示政府重农。最后，由春官手拿木雕小牛、香炉架，上系麻丝，演唱春词，说吉利话。被鞭打的春牛还可以用土牛和纸牛代替。用土塑成的牛被打碎后，围观群众一拥而上，抢得碎土，扔进自家田里，祈祷丰收。或者，在纸扎春牛的肚子里预先装满五谷，将纸牛鞭打粉碎，五谷便会随之流出，也可寓意丰收。

说春，是由春官说唱歌谣，劝农。《周礼》称宗伯为春官，掌典礼，中国说春的历史长达三四千年。说春兴于隋唐。据说隋文帝统一全国期间，见国家长期战乱，大片土地荒芜，农民又因季节观念不强往往错过播种时机，乃至庄稼歉收，社会动荡，于是命宰相将农事季节制成“春贴”，由地方官送发各地农民。官员在交贴时，需用善言美语进行解说。农民即将送春贴的官员叫做“春官”，把“春官”所说善言美语称为“说春”。

贵州苗寨还流传着击鼓迎春耕的习俗，这个传统亦可上溯至周王朝。《周礼·春官》记载：“籥章，掌土鼓、豳籥。中（仲）春，昼击土鼓，龡《豳》诗，以逆暑。中秋，夜迎寒，亦如之。凡国祈年于田祖，龡《豳》雅，击土鼓，以乐田畯。”说的是二月白昼击打土鼓，吹《豳》诗，以迎接温热的天气。向神农祈祷丰年，也要吹《豳》雅，击土鼓，娱乐田神。

此外，水是农作物的命脉，农业生产需要风调雨顺的自然环境，传统中国认为龙主求雨，图腾龙衍生出司理雨水的神格属性，驱旱求雨或止雨祈晴的祭祀仪式也随之应运而生，舞龙便是其中一种。

苗族鼓师敲击木鼓迎春耕

贵州省丹寨县南皋乡清江苗寨的村民们每年都要举行传统的翻鼓活动。来自周边村寨的近万名苗族村民欢聚一起，以跳木鼓舞、斗牛等传统形式，共同祈福风调雨顺、岁岁平安。清江翻鼓节是保留较为完好的苗族传统活动之一，于 2007 年入选贵州省首批非物质文化遗产名录。

沐川草龙

沐川县每逢元宵节和农历二月初二的龙抬头节日，沐川人便要草龙，祈求风调雨顺、五谷丰登。2008 年 6 月，沐川草龙被列入国家级非物质文化遗产名录。

此外，与农耕相关的环节比如保青苗、抗旱魔、护耕畜、祈丰收、敬新等，也受到了格外的重视。

中国传统的稻作节日展示了稻作区居民对于农业规律的基本认识和把握。人们在丰富多彩的节日庆典中可以感受到稻作集体主义精神的感召，受到传统文化的浸润，成为稻作历史的见证人和传承者。稻作节日一般都有相对固定的节期和特定的民俗活动。固定的节期与农业生产相关。不同的稻作区域环境和民俗不同，各地的节庆日期和庆典内容也有所差异。大多地方的插秧节会以当地有名望的老人亲自在田里插上几株秧苗开始。但靖西、西林等地壮族在插秧节这天有泼泥的传统，届时，年轻的姑娘和媳妇会用田泥泼田边的男子，以示劝耕。总的来说，稻作在民间节庆活动中占据较大比重，壮族的五十多个节日中就有一半以上与稻作节日有关。各种稻作节日庆典活动，将区域内部与区域之间的民众情感紧密相连，这种稻作文化即便在当代对地方社会的稳定和发展都仍然具有积极作用。

连南“开耕节”祭稻田

每年农历三月初三，为排瑶传统的“开耕节”，又称“踏青节”，意为一年春耕的开始。这天，瑶家必杀鸡、磨豆腐敬奉祖先，向盘古王始祖许愿，祈求当年风调雨顺，五谷丰登，因此又叫“许愿节”。

**广西壮族插秧节**

过去岭南多种单季稻，四月是插秧最好的时节，广西南部壮族的插秧节一般在农历四月初八举行。靖西的开秧仪式由村中大姓长老主持。在田里举行完祭祀仪式后，长老亲自在田里插上几株秧苗，农家人从这天起正式步入插秧的农忙季节。插秧节也是一个欢庆的节日，仪式结束后，家家备上好酒好菜，祭祖并欢度佳节，预祝水稻丰收。

**广西隆林尝新节**

稻子成熟要收割时的“尝新节”，各家各户在此前剪收刚成熟的糯谷穗，入锅煮熟，晒干，脱粒，去皮。选定一个日子尝新米，把糯米和竹豆一起煮成糯饭，吃“竹豆糯饭”，喜庆稻子成熟。过尝新节意味开始收割稻谷。

哈尼族“扎勒特”

扎勒特为哈尼语，此节日在每年阴历十月第一轮属龙日始，至属猴日止，历时5天。按哈尼族历法，以阴历十月为岁首，故汉族译为“十月年”。十月年为哈尼族盛大节日，相当于汉族过春节。节期不从事生产，不许把山上的青枝绿叶带回家中。家家户户舂糯米粑粑、做糯汤圆，敬天地，献祖宗。节日过后的第二天，相当于农历正月初二，已出嫁的姑娘带着猪肉、糯粑粑、鸡、酒等回娘家拜年，过完节回婆家时，娘家要送一只猪腿回敬，以此象征血缘关系。

西双版纳哈尼族祭谷种神

每年农历四月，当犁耙完山地准备下种时，西双版纳的哈尼族巴头带上寨内的老年男子拿着祭祀用的一对鸡、两瓶酒、少许谷种来到寨内的特定水井或水潭边，首先打出泉水冲洗谷种，然后杀鸡供祭谷种神、水神，祈求神灵保佑籽种得到雨水灌溉，顺利发芽生长。

丨本节插图由王宪明绘制丨

# 第三节 传统稻作饮食与日用

关于中国南北文化差异的探讨，自古有之。顾炎武《日知录》有：『「饱食终日，无所用心，难矣哉」，今日北方学者是也。「群居终日，言不及义，好行小慧，难以哉」，今日南方学者是也。』这种南北文化的比较，广泛存在于宗教、绘画、文学、饮食诸门类的南北文化对比之中。近些年，关于元宵节吃元宵还是吃汤圆，豆腐脑吃咸的还是甜的，一系列问题又引发了网友们的南北饮食文化之争。

文化是历史的积淀物，是人类活动与自然地理环境共同作用的结果。美国文化心理学家托马斯·塔尔汉姆（Thomas Talhelm）在2014年的一期《科学》（*Science*）杂志上刊登了相关研究《由稻麦种植引起的中国内部的大规模心理差异》（*Large-scale psychological differences within China explained by rice versus wheat agriculture*），将中国南北方的文化差异归结为不同的耕种文化，即“水稻区的南方人更集体主义，小麦区的北方人更个人主义”。

农民在阳光下晒稻谷："稻米理论"登上 2014 年 5 月 9 日《科学》杂志，封面图样

| 王宪明　绘 |

画面是在中国的安徽地区，当地农民正在阳光下晒稻谷。新的心理测试表明，中国的稻作历史给了南方人更多的东亚传统文化的标志，比如相互依赖、整体思维方式和低离婚率。相比之下，种植小麦的历史给了北方人更加独立的个性。

托马斯·塔尔汉姆认为中国南北方居民表现出的个人主义差异的边界很像传统种植水稻和种植小麦的边界，归根结底是因为水稻与小麦耕作体系的迥然不同，尤以灌溉方式和劳动力投入的差异最为明显。水稻是需水量很大的作物，对人力的要求也更多，稻农之间需要相互合作建设，整个村庄相互依赖，于是就会建立起一些互助互惠的系统以避免冲突。相对而言，小麦的种植较为简单，基本不需要经济灌溉，劳动任务较轻，麦农不需要依靠他人就能自给自足。经过几千年耕作方式的反复塑造，水稻区文化就会更偏向于整体性思维，而小麦区对集体劳作的要求较低，其文化就显具独立性思维。他进一步补充，虽然今天大多数中国人都不再直接从事种植劳作，但稻作历经数千年根植于中国传统文化，而浸润其中的中国人自然深受其影响。这就是托马斯·塔尔汉姆的"稻米理论"（The Rice Theory）。

为了验证“稻米理论”，托马斯·塔尔汉姆在中国做了一系列的实验，包括对1162名汉族大学生进行调查，探索他们的居住地与心理特征之间的关联。结果发现稻作区的居民在整体性认知风格、自我认知、社会关系网络等三个方面表现出明显的集体主义倾向。此后，又在南北不同城市的星巴克咖啡馆进行了挪椅子的测试研究。具体是将咖啡馆里的两个椅子偷偷挪到一起，中间仅留一人侧身能过的空隙。结果，来自水稻区的人在通过时很少挪动椅子。比如，在上海的咖啡馆里只有2%的人挪动椅子，大部分人不管有多困难都侧身挤了过去。而在小麦区的北京，挪椅子人的比例超过了15%。

“稻米理论”提出以后，在社会科学界引起了很大的反响。“稻米理论”不是考察人类心理现象的近因，而是努力从远端因素中寻求因果关系，为当代中国文化变迁的文化心理学研究提供了一个独特的视角，具有一定的理论意义和现实价值。但是我们也应该看到，中国历史上的稻、麦耕作区并非完全割裂，南、北地区也非一一对应等。除了东三省在近代成为水稻的主产区之外，天津等北方地区也长期存在着稻作区。而且，唐宋时期，江南地区就已经大规模地实行稻麦复种制，这扩大了麦类在南方地区的种植范围。并且，北方移民的长期南下也成为一个很大的影响因素，势必会对南、北文化的差异造成冲击。无可否认，这些因素都会影响“稻米理论”的逻辑基础。

中华民族素以擅长种植五谷著称，以五谷为主食，辅以鱼、蔬的饮食习惯由来已久。随着中国经济中心的南移，稻米在饮食中的比重逐渐攀升。明代宋应星《天工开物》称："今天下育民人者，稻居什七，而来、牟、黍、稷居什三。"

稻米主要有粳、籼、糯之分。粳米一年一熟，性软味香，可煮干饭、稀饭；籼米早、晚两熟，性硬而耐饥，适于煮饭；糯米黏糯芳香，常用来制作糕点或酿酒，也可煮成干饭和稀饭。

饭和粥

宋代陆放翁有诗云："世人个个学长年，不悟长年在目前。我得宛丘平易法，只得食粥致神仙。"可见古人对食粥的挚爱。

炒米

特殊的爆米花器具爆成。汪曾祺曾说："炒米这东西实在说不上有什么好吃。家常预备，不过取其方便。用开水一泡，马上就可以吃。在没有什么东西好吃的时候，泡一碗，可代早晚茶。来了平常的客人，泡一碗，也算是点心。郑板桥说'穷亲戚朋友到门，先泡一大碗炒米送手中'，也是说其省事，比下一碗挂面还要简单。炒米是吃不饱人的。一大碗，其实没有多少东西。我们那里吃泡炒米，一般是抓上一把白糖，如板桥所说'佐以酱姜一小碟'，也有，少。我现在岁数大了，如有人请我吃泡炒米，我倒宁愿来一小碟酱生姜，——最好滴几滴香油，那倒是还有点意思的。另外还有一种吃法，用猪油煎两个嫩荷包蛋——我们那里叫做'蛋瘪子'，抓一把炒米和在一起吃。这种食品是只有'惯宝宝'才能吃得到的。谁家要是老给孩子吃这种东西，街坊就会有议论的。"这里，炒米寄托着汪曾祺对故时生活点滴的感怀与思恋。对寻常稻米吃食的记忆，贯穿了中国人的日常。

粢饭

糯米煮成饭，舀入湿毛巾，捏成团状，内可包油条等。

粢饭糕

糯米（或粳米）煮成饭，压实，用刀划成长方形，入油锅汆炸而成。

青团

江南吃青团的习俗可追溯至先秦，传说百姓为纪念介子推，于清明前一二日熄炊，其间以冷食度日，“青精饭”即是冷食的一种。宋代以后，寒食扫墓的习俗慢慢融入清明节中。

竹筒饭

云南地区少数民族的常食，分普通竹筒饭和香竹糯米饭两种。傣族喜欢吃香竹糯米饭，其他民族喜欢吃普通竹筒饭。

五色糯米饭

呈黑、红、黄、紫、白五色，是布依族、壮族的传统食品。

民俗学家将食俗划归经济民俗的范畴，因为食俗的形成和发展与生活环境有着密不可分的关系，由于地域和气候不同，农副产品的种类和品性也会有所不同。秦岭、淮河以北适宜种植小麦等耐旱作物，人们日常生活中的主要食品也以面制品为主。南方则盛产稻米，风味食品多以米制品为主，米粉、糕团、粽子、汤圆、糍粑等，米饭和米粥的品类也很多。

自远古时代起，中华民族就喜欢将食物与节庆、礼仪活动结合在一起，所谓“酒食合欢，举畴逸逸”。年节、喜丧等祭典和宴饮活动都是表现食俗文化最为集中，最具特色的活动。通过节令饮食，加强亲族联系，调剂生活节律，表现人们的追求和企望等心理，文化需求以及审美意识。

年初一吃年糕小圆子，交好运

吴江同里农村，年初一早上吃用南瓜和米粉和在一起做成的圆子，煮时放入切成小块的年糕，吃了就会交“南方运”，即交好运。

立春吃春饼，祈求神灵带来丰收

吃春饼，自宋至明清渐盛。明代《燕都游览志》记载：“凡立春日，（皇帝）于午门赐百官春饼。”立春日，吴中百姓捻粉为丸，把神供祖，叫“拜春”。“风物家园好，春筵岁事丰”。吃春饼，开春筵，祝祷丰收；以粉圆子祀神祭祖，祈求神灵带来丰收。

**谢灶之俗，祝祷稻米丰收**

正月十五夜，常熟白茆人要做“稻颗团子”祭祀灶神，团子做得越大越好，可以表示来年的稻颗也能长得同样大。同样的习俗在吴江，于腊月二十四日进行。过了二十日后，家家户户就开始把糯米淘净，晾在竹匾里，放在太阳底下晒干。有的人家还专门在家里架好了石磨。到了二十四日，吴江人掸檐尘，做“稻颗团子”献灶君，祝祷稻米丰收。

**二月二吃撑腰糕**

蔡云《吴歈》曰：“二月二日春正饶，撑腰相劝啖花糕。支持柴米凭身健，莫惜终年筋骨劳。”

二月初二，苏州人要油煎隔年的年糕（撑腰糕）吃，祈望腰脚轻健，筋骨强壮，种田时腰不疼。早春二月是捻河泥最繁忙的时候，尤其累腰。所谓的撑腰糕，其实就是新年余下的年糕，放在油锅里汆一下。当地人认为“二月二”这一天吃了这糕就可以把腰撑住，这一年里就不会腰酸背痛了，寓意强健身体。撑腰糕寄托着江南人强健身体，投入水田劳作的心愿。

**四月八吃乌米饭**

四月初八，江苏一些地方用乌饭树叶煮乌米饭吃，祛风解毒，防蚊叮虫咬，祈佑平安如意。

四月初八是花溪苗族、布依族的“牛王节”，也叫“开秧门”，节一过，打田栽秧就开始。开秧门这一天吃乌米饭，祈求可保打田栽秧时身强体健、百病不生。

**九月九重阳糕**

约自宋代起，重阳节食“重阳糕”的习俗正式见于载籍，如吴自牧《梦粱录》记临安重九之俗：“此日都人店肆以糖面蒸糕……插小彩旗，名‘重阳糕’。”明时《帝京景物略》亦记载北京重九之俗：“糕肆标纸彩旗，曰‘花糕旗’。”这种插小旗于花糕上的传统，迄今不改。《岁时杂记》说：“二社、重阳尚食糕，而重阳为盛，大率以枣为之，或加以栗，亦有用肉者”。

“糕”与“高”谐音，映衬“登高”，寓意“步步登高”“高高兴兴”。在九月初九这日清晨，长辈们将重阳糕切成薄片，放在未成年子女的额头上，口中祝祷“儿百事俱高”。

与西方人主张对自然加以利用、改造、征服不同，中国人在利用自然的同时，又会抱持一种敬畏的态度：物尽其用，同时还要让物质循环利用。

由于水稻在中国社会发展过程中的重要性不断增强，稻作生产会产生大量稻草，对于这部分自然物，中国人的传统做法要么将其焚烧，使之成为草木灰肥田，要么物尽其用，将生产剩余物制成日常用品。

米囤

用于装谷或米的盛器，圆桶状，直径小的仅七八十厘米，直径大的可达两米以上，小米囤用稻草一直结到收口，高度多在一米左右；大米囤往往尺余高，往上用栈条加接或用米屯圈加接（栈条用竹篾编成，米囤圈用稻草扎成），以利收藏和畚取。

做草鞋

| 西德尼 · 戴维 · 甘博[1] 摄 |

1917 年，四川遂宁县一男子正在做草鞋。

1 西德尼·戴维·甘博（1890—1968 年）是美国社会经济学家、人道主义者和摄影家，年轻时参加基督教青年会，于 1908—1932 年间五次往返中美之间。他是燕京大学社会学系的创建者之一，还参与了“平教会”在定县的教育实验，其间他一共完成了五部社会调查作品。他还在中国西部地区游历，拍下了大量的珍贵照片。

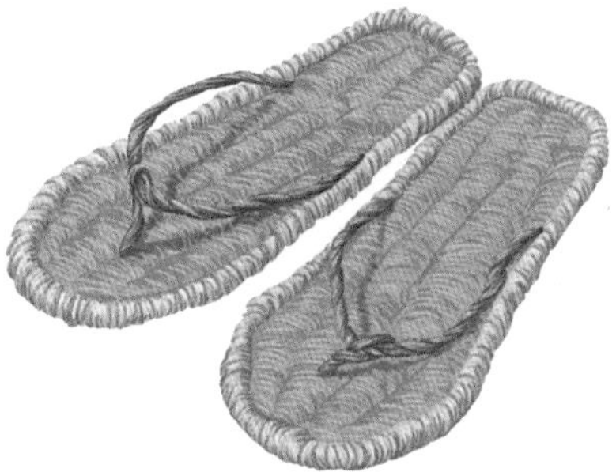

草鞋

江南农民的草鞋可分为三种：一是供劳作时穿的，称草鞋。二是作日常家居穿的，称蒲鞋，其状如棉鞋，圆口圆头，无系带，多在冬季穿。崇明等地的蒲鞋内夹有密密的芦花，称芦花蒲鞋，保暖性极好。旧时农民家居以穿蒲鞋为多，仅在出外作客时才穿自制布鞋。三是为防滑而用草绳编成的网状草鞋，称绳草鞋。绳草鞋多在雨天挑担时穿，防滑性能极好。

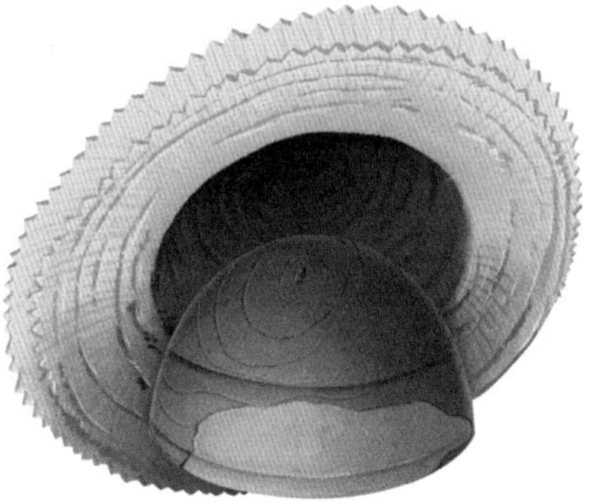

柏合草帽

成都市龙泉驿区柏合镇的草编工艺以“柏合草帽”最为著名。民国初年，柏合镇生产的草帽就已经非常出名，并且形成了特色产业和市场，每年成都的商家都要坐镇柏合镇收购草帽，并转销到全国各地。

清代以前的草帽大多以稻草编成，清代以后才有稻、麦混编和全麦草编的草帽。太湖流域的农民称草帽为“草宝”或“宝帽”，这种草帽可以防雨、防晒。

**撑雨伞和穿蓑衣的男子**

| 威廉·桑德斯[1]摄 |

蓑衣是一种用稻草编织的衣服（后来也有用稻草和灯草皮混编或用棕毛编织的），雨天穿着，它前至胸部，后至腿弯，有短袖而下口不合，便于手臂的活动。因为蓑衣是农村的雨衣，因此在求雨活动中还有特殊的功用。

1 1860 年桑德斯来到中国，1861 年在天津开始摄影活动，1862 年到上海开设摄影工作室。作为一名英国商业摄影师，桑德斯的兴趣不仅仅于肖像，还拍摄日常生活、建筑物及风景等，并于 1871 年出版了《中国人生活与性格写生集》。

芜湖郊外的稻草农房[1]

远处为土墙茅屋，一位农人正扛着竹筥帚行走，旁边有鼓风机在筛选稻谷，还有几件竹制稻箩装运稻谷。芜湖水网圩田，盛产稻米，为江南四大米市之首。

江南地处东南季风区，常有台风、潮汛来袭，当地居民习惯于用稻草搭草房。这种草房，大多以竹木扎成屋架，从屋顶到屋面、四墙全部用稻草扎出。造房前，先将稻草杀青理齐，制成草扇，然后逐层披盖，不留丝毫缝隙，可以达到滴水不漏的程度。有些穷人还常用稻草来筑泥墙造屋。造墙时先用两块木板平行放好扎牢，中间留出墙的宽度，然后将稻草铡断弄细，拌在湿泥巴里，填入两块木板之间，用夯夯坚实，即传统版筑法。造好一段，两块木板就上移一段，直至整个墙壁全部造好，再结顶盖稻草。

| 本节插图由王宪明绘制 |

1 亚细亚大观，1930 年 4 月出版，1929 年 6 月摄。

# 主要参考文献

## （一）论著

[1] 柏芸．中国古代农具［M］．北京：中国商业出版社，2015.

[2] 班固．汉书［M］．北京：中华书局，1962.

[3] 曾祥熙，等．海南黎族现代民间剪纸［M］．海口：海南出版社，1995.

[4] 曾雄生．中国农学史［M］．福州：福建人民出版社，2008.

[5] 陈文华．中国农业考古图录［M］．南昌：江西科学技术出版社，1994.

[6] 陈元靓．岁时广记［M］．商务印书馆，1939.

[7] 楚雄市民族事务委员会．楚雄市民间文学集成资料［M］．楚雄：楚雄市民族事务委员会，1988.

[8] 大理州文联．大理古佚书钞［M］．昆明：云南人民出版社，2002.

[9] 都贻杰．遗落的中国古代器具文明［M］．北京：中国社会出版社，2007.

[10] 鄂尔泰，等．雍正硃批谕旨［M］．北京：国家图书馆出版社，2008.

[11] 范成大，王云五. 骖鸾录及其他二种 [M]. 北京：商务印书馆，1936.

[12] 菲利普·费尔南德斯-阿莫斯图. 食物的历史 [M]. 何舒平，译，北京：中信出版社，2005.

[13] 符和积. 黎族史料专辑 [M] //海南文史资料：第7辑. 海口：南海出版公司，1993.

[14] 高斯得. 耻堂存稿 [M]. 北京：中华书局，1985.

[15] 高诱. 吕氏春秋 [M]. 上海：上海书店，1986.

[16] 葛剑雄. 明时期 [M] //中国移民史：第5卷. 福州：福建人民出版社，1997.

[17] 顾炎武. 天下郡国利病书 [M]. 上海：上海古籍出版社，2012.

[18] 顾炎武. 天下郡国利病书 [M]. 上海：上海书店出版社，1935.

[19] 归有光. 三吴水利录 [M]. 北京：中华书局，1985.

[20] 郭文韬，等. 中国农业科技发展史略 [M]. 北京：中国科学技术出版社，1988.

[21] 郭文韬. 中国耕作制度史研究 [M]. 南京：河海大学出版社，1994.

[22] 韩效文，等. 彝族、白族、傈僳族、哈尼族、普米族、景颇族、怒族的贡献 [M] //各民族共创中华：西南卷下册. 兰州：甘肃文化出版社，1999.

[23] 何炳棣. 黄土与中国农业的起源 [M]. 北京：中华书局，2017.

[24] 何孟春. 余冬录存 [M]. 重刻本. 清同治三年.

[25] 胡淼. 唐诗的博物学解读 [M]. 上海：上海书店出版社，2016.

[26] 胡锡文. 中国农学遗产选集：甲类第二种上编 [M]. 北京：中华书局，1958.

[27] 华容县水利志编写组. 华容县水利志 [M]. 北京：中国文史出版社，1990.

[28] 纪昀. 阅微草堂笔记 [M]. 上海：新文化书社，1933.

[29] 冀朝鼎. 中国历史上的基本经济区与水利事业的发展 [M]. 北京：

中国社会科学出版社，1981.
[30] 贾华. 双重结构的日本文化 [M]. 广州：中山大学出版社，2010.
[31] 贾思勰. 齐民要术 [M]. 北京：中华书局，1956.
[32] 姜彬. 稻作文化与江南民俗 [M]. 上海：上海文艺出版社，1996.
[33] 姜皋. 浦泖农咨 [M]. 上海：上海古籍出版社，1996.
[34] 邝番. 便民图纂 [M]. 北京：农业出版社，1959.
[35] 乐史. 太平寰宇记 [M]. 北京：商务印书馆，1936.
[36] 李根蟠. 中国古代农业 [M]. 北京：商务印书馆，1998.
[37] 李根蟠. 中国农业史 [M]. 台北：文津出版社，1997.
[38] 李黔滨，朱良津. 贵州省博物馆藏品集 [M]. 贵阳：贵州人民出版社，2013.
[39] 李旭升. 巴中史话 [M]. 成都：四川人民出版社，2006.
[40] 李子贤. 多元文化与民族文学：中国西南少数民族文学的比较研究 [M]. 昆明：云南教育出版社，2001.
[41] 梁永勉. 中国农业科学技术史稿 [M]. 北京：农业出版社，1989.
[42] 林华东. 河姆渡文化初探 [M]. 杭州：浙江人民出版社，1992.
[43] 宋会要辑稿 [M]. 刘琳，等，校点. 上海：上海古籍出版社，2014.
[44] 刘兴林. 历史与考古农史研究新视野 [M]. 北京：三联书店，2013.
[45] 刘芝凤. 闽台农林渔业传统生产习俗文化遗产资源调查 [M]. 厦门：厦门大学出版社，2014.
[46] 陆龟蒙. 耒耜经 [M]. 北京：中华书局，1985.
[47] 吕烈丹. 稻作与史前文化演变 [M]. 北京：科学出版社，2013.
[48] 马一龙. 农说 [M]. 北京：商务印书馆，1936.
[49] 马宗申. 授时通考校注（第2册）[M]. 北京：农业出版社，1992.
[50] 满蒙印画协会. 亚东印画辑 [M]. 京都：东洋文库与京都大学人文研图书馆，1924-1944.
[51] 勐腊县民委，西双版纳州民委. 西双版纳傣族民间故事集成 [M]. 昆明：云南人民出版社，1993.

［52］闵宗殿，等．中国古代农业科技史图说［M］．北京：农业出版社，1989.
［53］缪启愉．太湖塘浦圩田史研究［M］．北京：农业出版社，1985.
［54］欧阳修．新唐书［M］．上海：中华书局，1936.
［55］欧粤．松江风俗志［M］．上海：上海文艺出版社，2007.
［56］潘曾沂．潘丰豫庄本书［M］．刻本．清道光甲午年.
［57］潘伟．中国传统农器古今图谱［M］．桂林：广西师范大学出版社，2015.
［58］裴安平，熊建华．长江流域稻作文化［M］．武汉：湖北教育出版社，2004.
［59］普学旺，云南少数民族古籍出版规划办公室．云南民族口传非物质文化遗产总目提要：神话传说卷［M］．昆明：云南教育出版社，2008.
［60］漆侠．宋代经济史［M］．上海：上海人民出版社，1987.
［61］青田县志编纂委员会．青田县志［M］．杭州：浙江人民出版社，1990.
［62］屈大均．广东新语［M］．北京：中华书局，1997.
［63］任继周．中国农业系统发展史［M］．南京：江苏科学技术出版社，2015.
［64］沈锽，等．光绪通州直隶州志［M］．南京：江苏古籍出版社，1991.
［65］沈云龙．近代中国史料丛刊续编［M］．台北：文海出版社，1986.
［66］石声汉．氾胜之书今释（初稿）［M］．北京：科学出版社，1956.
［67］司马迁．史记［M］．北京：中华书局，1982.
［68］宋应星．天工开物［M］．北京：商务印书馆，1933.
［69］李之亮．苏轼文集编年笺注［M］．成都：巴蜀书社，2011.
［70］苏州博物馆．苏州澄湖遗址发掘报告：苏州文物考古新发现［M］．苏州：古吴轩出版社，2007
［71］孙峻，耿橘．筑圩图说及筑圩法［M］．北京：农业出版社，1980.
［72］覃乃昌，岑贤安．壮学首届国际学术研讨会论文集［M］．南宁：广

西民族出版社，2004.
[73] 谭棣华. 清代珠江三角洲的沙田 [M]. 广州：广东人民出版社，1993.
[74] 谭其骧. 长水集 [M]. 北京：人民出版社，2011.
[75] 田伏隆. 湖南历史图典 [M]. 长沙：湖南美术出版社，2010.
[76] 脱脱. 宋史 [M]. 北京：中华书局，1977.
[77] 汪家伦，张芳. 中国农田水利史 [M]. 北京：农业出版社. 1990.
[78] 王充. 论衡 [M]. 北京：商务印书馆，1934.
[79] 王清华. 梯田文化论：哈尼族生态农业 [M]. 昆明：云南大学出版社，1999.
[80] 王晴佳. 筷子：饮食与文化 [M]. 汪精玲，译. 北京：三联书店，2019.
[81] 吴任臣. 山海经广注 [M]. 刊本. 清乾隆五十一年.
[82] 细井徇. 诗经名物图解 [M]. 日本国立国会图书馆藏本. 1847.
[83] 夏亨廉，林正同，中国农业博物馆. 汉代农业画像砖石 [M]. 北京：中国农业出版社，1996.
[84] 徐献忠. 吴兴掌故集 [M]. 北京：文物出版社，1986.
[85] 亚细亚写真大观社. 亚细亚大观 [M]. 大连：亚细亚写真大观社，1924-1940.
[86] 杨澜. 临汀汇考 [M]. 刻本. 清光绪年间.
[87] 杨屾. 知本提纲 [M]. 崇本斋刻本. 清乾隆丁卯年.
[88] 游修龄. 稻作史论集 [M]. 北京：中国农业科学技术出版社，1993.
[89] 游修龄. 中国稻作史 [M]. 北京：中国农业出版社，1995.
[90] 于敏中，等. 日下旧闻考 [M]. 北京：北京古籍出版社，1985.
[91] 约翰·汤姆逊. 中国与中国人影像? 约翰·汤姆逊记录的晚清帝国 [M]. 徐家宁，译. 桂林：广西师范大学出版社，2015.
[92] 张春辉. 中国古代农业机械发明史（补编）[M]. 北京：清华大学出版社，1998.

[93] 张芳，路勇祥．中国古代灌溉工程技术史［M］．太原：山西教育出版社，2009.

[94] 张国维．吴中水利全书［M］．文渊阁四库全书本．

[95] 张国雄．长江人口发展史论［M］．武汉：湖北教育出版社，2006.

[96] 张华．博物志［M］．重庆：重庆出版社，2007.

[97] 张履祥．沈氏农书［M］．北京：农业出版社，1959.

[98] 张履祥．杨园先生全集［M］．江苏书局刊本．清同治十年．

[99] 张如放，傅中平．广西珍奇［M］//广西地质科普丛书．南宁：广西科学技术出版社，2016.

[100] 张宗法．三农纪校释［M］．北京：农业出版社，1989.

[101] 礼记正义［M］．郑玄，注．上海：上海古籍出版社，1990.

[102] 周礼注疏［M］．郑玄，注．上海：上海古籍出版社，1990.

[103] 郑肇经．太湖水利技术史［M］．北京：农业出版社，1987.

[104] 中国第一历史档案馆．康熙朝汉文朱批奏折汇编册［M］．北京：档案出版社，1984-1985.

[105] 中国农业科学院，南京农业大学中国农业遗产研究室太湖地区农业史研究课题组．太湖地区农业史稿［M］．北京：农业出版社，1990.

[106] 中国农业遗产研究室．稻：下编［M］//中国农学遗产选集：甲类第一种．北京：农业出版社，1993.

[107] 周膺．良渚文化与中国文明的起源［M］．杭州：浙江大学出版社，2010.

[108] 朱允和．农谚集解［M］．广州：广东科技出版社，1988.

[109] 庄绰，张端义．鸡肋篇：贵耳集［M］．上海：上海古籍出版社，2012.

[110] 宗菊如，周解清．中国太湖史［M］．北京：中华书局，1999.

[111] Francesca Bray.The Rice Economies: Technology and Development in Asian Societies［M］. Berkeley: University of California Press, 1994.

## （二）期刊

[1] 曹兴兴. 秦汉时期关中地区的稻作生产 [J]. 黑河学刊，2010（10）：91.

[2] 曾雄生.“象耕鸟耘”探论 [J]. 自然科学史研究，1990（1）：67-77.

[3] 曾雄生. 历史上中国和东南亚稻作文化的交流 [J]. 古今农业，2016（4）：18-30.

[4] 曾雄生. 水稻插秧器具莳梧考——兼论秧马 [J]. 中国农史，2014，33（2）：125-132.

[5] 陈国灿.“火耕水耨”新探——兼谈六朝以前江南地区的水稻耕作技术 [J]. 中国农史，1999（1）：3-5.

[6] 陈文华. 中国稻作的起源和东传日本的路线 [J]. 文物，1989（10）：24-36.

[7] 凤凰山一六七号汉墓发掘整理小组. 江陵凤凰山一六七号汉墓发掘简报 [J]. 文物，1976（10）.

[8] 郭立新，郭静云. 早期稻田遗存的类型及其社会相关性 [J]. 中国农史，2016，35（6）：13-28.

[9] 郭清华. 陕西勉县老道寺汉墓 [J]. 考古，1985（5）.

[10] 何介钧. 澧县城头山古城址 1997—1998 年度发掘简报 [J]. 文物，1999（6）.

[11] 贺圣达. 稻米之路：中国与东南亚稻作业的起源和发展 [J]. 东方论坛，2013（5）：23-30.

[12] 黄绍文. 哈尼族节日与梯田稻作礼仪的关系 [J]. 云南民族学院学报（哲学社会科学版），2000（5）：58-61.

[13] 姜涛. 清代人口统计制度与 1741—1851 年间的中国人口 [J]. 近代史研究，1990（5）：26-50.

[14] 李昕升，王思明. 中国原产粮食作物在世界的传播及影响 [J]. 农

林经济管理学报，2017，16（4）：557-562.
［15］李增高．秦汉时期华北地区的农田水利与稻作［J］．农业考古，2006（1）：140-144.
［16］刘文杰，余德章．四川汉代陂塘水田模型考述［J］．农业考古，1983（1）：132-135.
［17］刘兴林．汉代稻作遗存和稻作农具［J］．农业考古，2005（1）：197-200.
［18］刘志远．考古材料所见汉代的四川农业［J］．文物，1979（12）：61-69.
［19］闵宗殿．明清时期中国南方稻田多熟种植的发展［J］．中国农史，2003（3）：11-15.
［20］闵宗殿．试论清代农业的成就［J］．中国农史，2005（1）：60-66.
［21］秦保生．汉代农田水利的布局及人工养鱼业［J］．农业考古，1984（1）：101-102.
［22］秦中行．记汉中出土的汉代陂池模型［J］．文物，1976（3）：77-78.
［23］汪曾祺．故乡的炒米［J］．视野，2011（12）：64-65.
［24］王笛．清代四川人口、耕地及粮食问题（上）［J］．四川大学学报（哲学社会科学版），1989（3）：90-105.
［25］王笛．清代四川人口、耕地及粮食问题（下）［J］．四川大学学报（哲学社会科学版），1989（4）：73-87.
［26］王福昌．秦汉江南稻作农业的几个问题［J］．古今农业，1999（1）：12-18.
［27］王星光，徐栩．新石器时代粟稻混作区初探［J］．中国农史，2003（3）：4-10.
［28］王兆骞．杭嘉湖地区两个高产大队农田生态平衡的初步分析与探讨［J］．浙江农业大学学报，1981（3）：31-38.
［29］徐勤海．从四川汉画像砖图像看东汉庄园经济［J］．农业考古，2008

（3）：21-23.

[30] 徐旺生，李兴军．中华和谐农耕文化的起源、特征及其表征演进[J]．中国农史，2020，39（5）：3-10.

[31] 徐旺生，苏天旺．水稻与中国传统社会晚期的政治、经济、技术与环境[J]．古今农业，2010（4）：27-35.

[32] 徐旺生．从间作套种到稻田养鱼、养鸭——中国环境历史演变过程中两个不计成本下的生态应对[J]．农业考古，2007（4）：203-211.

[33] 徐旺生．从农耕起源的角度看中国稻作的起源[J]．古今农业，1998（2）：1-10.

[34] 徐旺生．水稻在传统生态农业中的作用[J]．遗产与保护研究，2019，4（1）：12-16.

[35] 杨庭硕，杨文英．重修万春圩之技术解读[J]．原生态民族文化学刊，2014，6（1）：3-7.

[36] 游修龄．西汉古稻小析[J]．农业考古，1981（2）：25-25.

[37] 张波，丘俊超，罗琤琤，等．从“稻田放鸭”到“稻田养鸭”：明清时期“稻田养鸭”技术与特点——以广东地区为中心[J]．农业考古，2015（1）：34-40.

[38] 张国雄．“湖广熟，天下足”的内外条件分析[J]．中国农史，1994（3）：22-30.

[39] 张国雄．江汉平原垸田的特征及其在明清时期的发展演变[J]．农业考古，1989（1）：227-233.

[40] 张国雄．江汉平原垸田的特征及其在明清时期的发展（续）[J]．农业考古，1989（2）：238-248.

[41] 张家炎．明清长江三角洲地区与两湖平原农村经济结构演变探异——从“苏湖熟，天下足”到“湖广熟，天下足”[J]．中国农史，1996（3）：62-69，91.

[42] 张建民．“湖广熟，天下足”述论——兼及明清时期长江沿岸的米粮流通[J]．中国农史，1987（4）：54-61.

[43] 张增祺．从出土文物看战国至西汉时期云南和中原地区的密切联系[J]．文物，1978(10)：33-39.

[44] 朱瑞熙．宋代“苏湖熟，天下足”谚语的形成[J]．农业考古，1987(2)：48-49.

[45] 竺可桢．论中国气候的几个特点及其与粮食作物生产的关系[J]．地理学报，1964，31(1)：189-199.

[46] Hilbert L, Neves, Eduardo Góes, Pugliese F, et al. Evidence for mid-Holocene rice domestication in the Americas[J]. Nature Ecology & Evolution, 2017, 1(11): 1693-1698.

[47] Lombardo U, José Iriarte, Hilbert L, et al. Early Holocene crop cultivation and landscape modification in Amazonia[J]. Nature, 2020, 581(7807): 190-193.

[48] Penny Van Esterik. Food Culture in Southeast Asia[J]. Gastronomica, 2008, 10(2): 100-101.

[49] Talhelm T, Zhang X, Oishi S, et al. Large-Scale Psychological Differences Within China Explained by Rice Versus Wheat Agriculture[J]. Science, 2014, 344(6184): 603-608.

[50] Xiawei Dong.Teens in Rice County Are More Interdependent and Think More Holistically Than Nearby Wheat County[J]. Social Psychological and Personality Science. 2019, 10(7): 966-976.